米莱童书 著/绘

•“生命之源”元素•

北京理工大学出版社
BEIJING INSTITUTE OF TECHNOLOGY PRESS

图书在版编目（CIP）数据

化学江湖：给孩子的化学通关秘籍：共8册 / 米莱童书著、绘. -- 北京：北京理工大学出版社，2023.4（2024.3重印）

ISBN 978-7-5763-2197-5

Ⅰ. ①化… Ⅱ. ①米… Ⅲ. ①化学－少儿读物 Ⅳ. ① O6-49

中国国家版本馆 CIP 数据核字 (2023) 第 046855 号

出版发行 / 北京理工大学出版社有限责任公司
社　　址 / 北京市丰台区四合庄路6号
邮　　编 / 100070
电　　话 /（010）82563891（童书出版中心）
经　　销 / 全国各地新华书店
印　　刷 / 北京地大彩印有限公司
开　　本 / 710 毫米 × 1000 毫米　1/16
印　　张 / 20
字　　数 / 500 千字
版　　次 / 2023 年 4 月第 1 版　2024 年 3 月第 7 次印刷
定　　价 / 200.00 元（共 8 册）

责任编辑 / 封　雪
文案编辑 / 封　雪
责任校对 / 刘亚男
责任印制 / 王美丽

致少年读者朋友：

当我在同你们一样对世界充满好奇的年纪时，听到“化学”两个字，脑海中浮现出的画面是：昏暗的实验室中，各种奇形怪状的玻璃瓶陈列在操作台上，戴着防护眼镜的实验人员把不同反应物混合在一起、观察到液体反应物的颜色变化或者是在里面“咕嘟咕嘟”地冒出气体……

后来我才知道，化学其实并不像我们想象的那么“高深莫测”，它始终陪伴在我们身边——打开一瓶汽水，里面的“气”跑出来了，这是化学；点燃一根烟花棒，美丽的烟花在夜色中盛开，这也是化学。其实，我们吃的、喝的是化学物质，穿的、拿的是化学产品，所见、所闻、所感大多是化学现象……简言之，化学无处不在，它“平易近人”，是带领我们认识世界的最初的导师。

《化学江湖》很好地诠释了这一点。

整套书用童真的对话引出深刻的道理，通过奇幻的故事、丰富的画面，将知识从书本上“唤醒”，带你到化学世界进行一次奇妙的探险。国风元素的融入更是别出心裁，使得古色古香之中，一股侠义之风泠然而上，中国独有的文化气息随之扑面而来。

翻开《化学江湖》，你会发现，原来早在古代，我国的陶瓷制作、金属冶炼和炼丹术等就已经与化学“交情匪浅”了。

譬如，武器精灵会告诉你，古人如何从矿石中冶炼出铜、铁等金属，从而锻造出兵器；腐蚀精灵会告诉你，酸雨因何而“酸”，又与我国“四大发明”之中的火药有着怎样的关联；宝石精灵会告诉你，被称为“东方绿宝石”的翡翠因何翠色欲滴，究竟是哪一种元素赋予它美丽的色彩……

什么叫做原子？什么叫做分子？

氧气从哪里来？水又是如何形成的？

“鬼火”到底是什么火？“银针试毒”到底是什么原理？

带着这些问题，我正式邀请你加入这段新征程。翻开《化学江湖》吧，它将成为你踏上科学高山的第一级台阶！

李永舫

中国科学院化学研究所研究员（中科院院士）

传说，宇宙中漂浮着一颗神秘的星球，叫作化学江湖。这里原本是一个平静、和谐的世外桃源，但是由于一次意外的大爆炸，被炸得七零八落……
维持化学江湖运转的宝物——元素碎片被爆炸的冲击波推到了地球上。住在化学江湖上的元素精灵们心急如焚，准备到地球上寻找元素碎片，重建化学江湖……

目录

我是元素罗盘，负责配合生命精灵确认元素碎片的方位。

生命精灵拥有神奇的变身能力，能够变成原子大小，深入物质内部，以探究物质的结构和本质。生命精灵十分熟悉构成地球生命的重要元素，负责搜索氢、氧、碳等元素碎片。

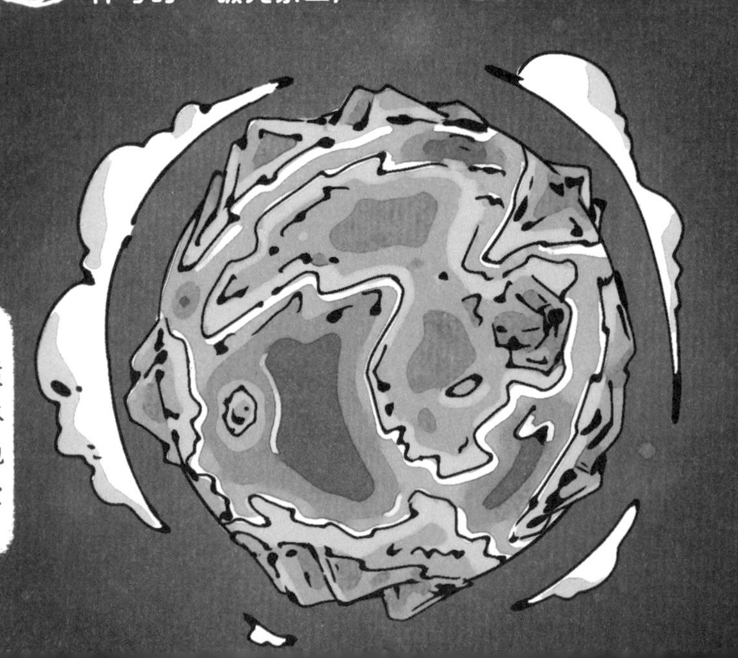

到了！
就是这里。
这里好漂亮啊！
哎哟！
你不会是看
这里漂亮才带
我来的吧？
才不是呢，一定有元
素碎片隐藏在这里！
那边有人，
我去问问路。
——小朋友！
？

你好，请问那边的山里有什么奇怪的东西吗？
没有奇怪的东西呀！倒是有一个神奇的麦芽糖瀑布，那里有数不清的麦芽糖可以吃！

嗯？有意思……

呃……谢……谢谢你。
走！我带你去吃糖！

果然！碎片都落在了这里！
就是这里！

碎片？这哪里是碎片？麦芽糖又稠又甜，可好吃啦！

收！
氢、氧、碳元素碎片

哎呀！不行！
碎片回收失败！
怎么会这样？
哇！好神奇啊！

这个麦芽糖瀑布不可能是无缘无故出现的……
元素？什么元素？你们在说什么？
……一定和氢、碳、氧三个元素碎片有关。

元素是一个化学概念，它是组成世间万物的基本成分。
元素？世间万物……
看来只有到池塘中一探究竟了。
嗯……好吧，看在你带我找到这里的份上，戴上这副眼镜，我们一起去。
元素能不能吃？好不好玩？漂不漂亮？能不能也带我去看看？

* 六元环就是6个原子组成的环。

你是最小的微粒吗?
当然不是，还有比我更小的微粒，它们就是原子。
分子是由原子组成的。
麦芽糖中的分子主要由氢、碳、氧三种原子组成。
你们是最小的微粒吗?
H
氢原子
C
碳原子
O
氧原子
▶氧：化学符号为O，原子序数为8。
当然不是，它们的身体里还存在着更小的原子核与核外电子。电子围绕原子核高速运动，就像月亮围绕地球运动。
▶氢：化学符号为H，原子序数为1。
▶碳：化学符号为C，原子序数为6。
原子序数是一个原子核内质子的数量，拥有同一原子序数的原子是同一种化学元素。
电子
原子核

为什么它们三个的电子，有的多、有的少呢？
因为它们有不一样的原子核。
原子核一般由质子、中子两种粒子构成。其中，质子带正电，中子不带电。
原子核里有几个质子，就能吸引几个电子。
中子
质子
电子
核外电子带负电。
我的原子核由 8 个质子和 8 个中子构成，所以原子核周围有 8 个电子。
我的原子核由 6 个质子和 6 个中子构成，原子核周围有 6 个电子。
我比较特殊，我的原子核中只有 1 个质子，没有中子。

说了半天原子，元素到底在哪儿啊？
哦，忘说了。同一类原子的总称就是元素。
在生活中，每个人都有自己的姓氏，拥有同一个姓氏的人来自同一个家族。
家族人口登记
赵氏家族
我们氢原子也有一个大家族，统称为氢元素。
氢元素家族
我们身体里只有一个质子！
我们氢元素家族是最厉害的！
我们的身体中都含有相同的质子数。质子数就好像我们的姓氏一样，能够区分不同原子的身份。
你又开始了！
不是说好不争谁最厉害了吗！
可是，氢元素最厉害是不争的事实啊……
我最厉害！就是我最厉害！
我最厉害！
我不服！
我明白了，因为它们三个之间有了矛盾，所以我们才没能把元素碎片带走……
这可怎么办呢？

江湖往事 之 中国古代哲学中的原子学说

世间万物从何而来？这个问题一直困扰着古代的学者、圣贤们。受到科技发展的限制，古人不能通过实验、观测寻找答案，但是，我们却可以从古人的哲学中窥探到一些有意思的观点。

“万物起源于原始的质点。”这是先秦学者不约而同提出的看法。在《易经》中，这个质点叫作“太极”；在《道德经》中，这个质点叫作“道”。也有一些学者给这个质点起了别的名字，尽管名称不同，论述也不尽相同，但学者们都认定它是极其微小的。这和古希腊原子论哲学创始者留基伯“从原子产生无数的宇宙，而宇宙又分解成为原子”的看法非常接近。

原子内部的电子有自己的运动规律。

原子内部有多层电子，且每层的电子数不同。一般来说，原子内的电子层不超过7层，最外层电子数不超过 8 个。如果原子内部只有 1 层电子，那么电子数不超过 2 个。

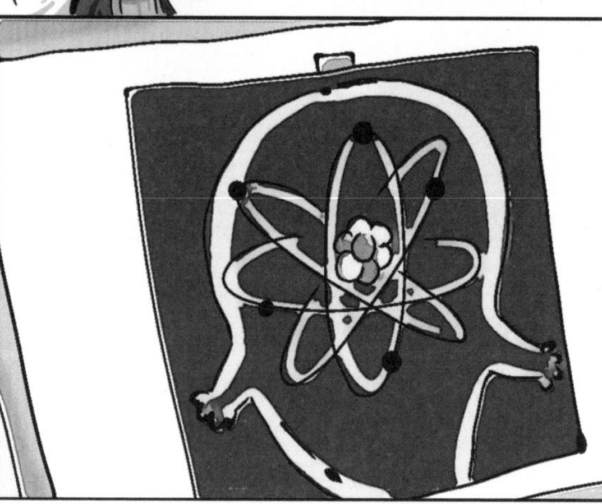

国际上统一采用元素的拉丁文名称的第一个字母的大写形式来表示元素。如果几种元素拉丁文名称的第一个字母相同，就附加一个小写字母来加以区分。

神奇的氢气球
这就是我们氢元素村的入口了，我们走吧！
这是什么？
这是氢气球，里面充满了氢气。
我们两个就能组成1个氢气分子小队！
它们可不是氢原子，而是氢气分子。两个氢原子可以组成一个小队，这个小队就叫作氢气分子。
氢气是由氢气分子组成的无色无味的气体。
哇，我看到了！好多氢原子啊！

诶，你们是谁？怎么进来的？
别紧张，他们是自己人！
哈哈，“纯净物”不是干净的意思。
可是我昨天才洗过澡，身上是干净的呀！
他们才不是自己人！我们可是纯净物，他们一来，我们就不是纯净物了！
纯净物只由一种单一的物质组成。
你看，这个筐里只有苹果，没有其他水果。这筐苹果就类似化学概念中的“纯净物”。
这里只有氢气分子，没有其他杂质，所以也是“纯净物”。

可是，这些水果里不仅有苹果，还有梨和桃子。所以这些水果类似化学概念中的“混合物”。
氢气分子中如果混入了其他物质，那么就变成了“混合物”。

纯净物既可以是单质，也可以是化合物。

不管氢原子是独立存在，还是两个或三个氢原子组合在一起，我们都是氢元素。
不管是一颗完整的苹果，还是苹果块、苹果汁，它们都是苹果。
由同种元素组成的纯净物，就叫作单质。
可是，我想把苹果汁、桃汁混在一起喝！
我可以和碳原子、氧原子一起组成麦芽糖分子，麦芽糖分子就是化合物。
由两种或两种以上的不同元素组成的纯净物，就是化合物。就像把苹果汁和桃汁搅拌在一起，一旦它们混为一体，就不能分开了。
他们是来参观的，是我的朋友！
哦……那行吧。准备好，我们出发了！

『氢元素村』一日游
天哪，我们竟然能飞这么高？
没错，氢气球的密度比空气要小，所以很容易就飞起来了。
哇！氢元素村这么大呢！
大讲堂
当然了！我们氢原子可是一个大家族，遍布宇宙的各个角落！
从宇宙大爆炸开始，我们氢元素家族就活跃在各个星球上了，我们不仅是宇宙中含量最高、分布最广的化学元素，还是所有动植物生命中不可或缺的功臣……

造纸厂
食品加工厂
好壮观呀！
植物园
生活在这里的氢原子们都在各司其职，努力工作，为自然和人类做贡献呢！
H
走，我带你们参观一下！

这里是我们的植物园！氢原子们会帮助植物生根发芽、快快长大！
植物里也含有氢元素吗？

叶绿体
加油！
支撑
细胞壁
植物细胞
植物细胞有细胞壁，而细胞壁中就含有氢元素。

氢元素就像胶水一样，可以连接植物体内的各种结构，还能参加植物的光合作用、呼吸作用等重要工作。
拉紧了
纸也是用植物做的！在氢元素的作用下，植物中的纤维会紧紧缠在一起，使造出的纸既轻薄又结实！

江湖往事之造纸术和氢元素

我们都知道，纸是中国古代“四大发明”之一，有了造纸术，文字才得以在世界范围内传播，不同国家、不同地区的文化才得以交融共生。《天工开物》中记载过一种“竹纸”的造法：把竹子在水中浸沤一百天，再通过捶洗、浸灰水、蒸煮等步骤，把竹子捣成水浆，放在纱网上晾晒后就形成了纸。但是，被捣成水浆的竹子是怎样成为结实的纸张的？这就不得不提到氢元素的作用了。

植物细胞中有一个非常厉害的分子，叫作纤维素。纤维素也是由氢、氧、碳三种元素组成的。纤维素的表面凹凸不平，有良好的韧性和化学稳定性，也有非常优秀的增稠、抗裂性能。在造纸的过程中，通过不断的舂捣，纤维素中的“氢键”（以氢原子为基础，与其他电负性强的原子形成的特殊相互作用的原子结构）可以使植物纤维交织良好，结构紧密。这就是氢元素的“氢键结合”功能。古代的造纸原料多种多样，但都离不开植物纤维，也正是由于这个原因。

谁才是生命之源？

就这么说吧！没有我们氢元素，就没有世界上的一切！我们就是生命之源！
有道理！
呃……话也不能这么说……
你吹牛！
食品加工厂

你凭什么说我吹牛？你是谁？
单凭你自己，怎么可能拿下“生命之源”这个称号呢？

没错，就是我！
啊，是氧原子。
“生命之源”这个称号，也有我们氧元素一份功劳！

没错，氧元素也是生命不可或缺的重要组成部分。
真的吗？
不要逃！和我一战！
跟我来！让你见识见识我们氧元素军团的厉害！
呼……呼……好累啊……你等着，我回去找帮手！
这是什么地方？
这是我们氧元素军团的历史走廊！没有我们氧元素，就不会有生命！
我来问问你们，如果不吃饭、不睡觉，你们能坚持多长时间？
啊？那怎么行！
一个成年人如果不吃不睡，最多坚持五六天。
没错！如果不吃饭、不睡觉，人还能维持五六天的生命。可是，如果让一个人不呼吸，那这个人马上就完蛋了！
说得对，我最讨厌憋气了！

人必须保持呼吸才能生存，
这是因为空气中含有氧气。
对于绝大多数动植物来说，氧气是维持生命必不可少的一部分。
氧气是什么？
氧气是由氧气分子组成的单质，每个氧气分子都由两个氧原子组成。
我们两个在一起，就变成氧气分子了！
氧气分子
地球上的大部分生物需要吸入氧气才能存活。
你们有没有想过，地球上最初的氧气从何而来呢？

这个问题由我来回答吧。
在很久很久以前，年轻的地球上充斥着一种叫作“甲烷”的气体。这种气体使地球上一片荒凉，没有广阔的土地，也没有美丽的植物，更没有动物。
可是，随着时间的推移，地球上出现了能够产生氧气的微生物，蓝细菌就是其中之一。
蓝细菌
是我产生了氧气，就像氧气的妈妈一样！
蓝细菌出现后，地球大气中的氧气就越来越多，陆地上才出现了丰富多彩的生物。
在3亿多年前，还出现过翼展长达1米的巨脉蜻蜓呢！

当三个氧原子结合到一起的时候，就形成了氧元素的另一种形态——臭氧。
除了能够给生命提供能量，我们氧元素还是地球生物的铠甲。
啊……光听名字就很臭。
臭氧确实有味道，但实际上并没有那么臭，只是有一股鱼腥味而已。
臭氧分子
O_3
我们生活在地球表面以上20~30千米高的地方，吸收了太阳光中对生物有害的短波紫外线，是名副其实的“地球卫士”！
你们太厉害了！

怎么样？服了吧？我们氧元素才是生命之源！
怎么又开始争“生命之源”的称号了……
服了！服了！
给我站住！
爆炸了！爆炸了！

今天让你知道我们氢元素的厉害！
哼！我们氧元素军团也不是吃素的！
不是吧……
怎么来了这么多元素？
不要激动，不要激动！要我说，大家坐下来，咱们围着篝火唱唱歌，不要吵架……

别……
啪!!
天啊！出什么事了！
嘭
咦，哪里来的
这么多水？
你点燃火柴，引发了氢气爆炸，这里的水是氢气在氧气中燃烧后产生的。
氢气还会燃烧？还能产生水？
这到底是怎么一回事？

氢气是一种易燃易爆的气体。
怪不得！
如果空气里混入氢气的体积达到总体积的 4% ~ 74.2%，那么只需要一点点火星，就会引发大爆炸！

危险！
因此，在日常生活中，火源一定要远离氢气球一类的物品。

太阳系中的木星主要由氢气组成。木星上的氧气含量稀少，由闪电引起的火花无法点燃木星，所以木星也就没有爆炸的危险了。

不用太伤心，我帮你把它们找回来，好不好？
呜呜……说这么多有什么用……都怪我，我一点火，就把氢原子和氧原子都害死了！
真的吗？你能做到？
当然了。

看我生命魔法的厉害！
太好了！太好了！你们都回来了！我还以为你们都死了呢！
咦，我们在哪儿？发生了什么？怎么回事？

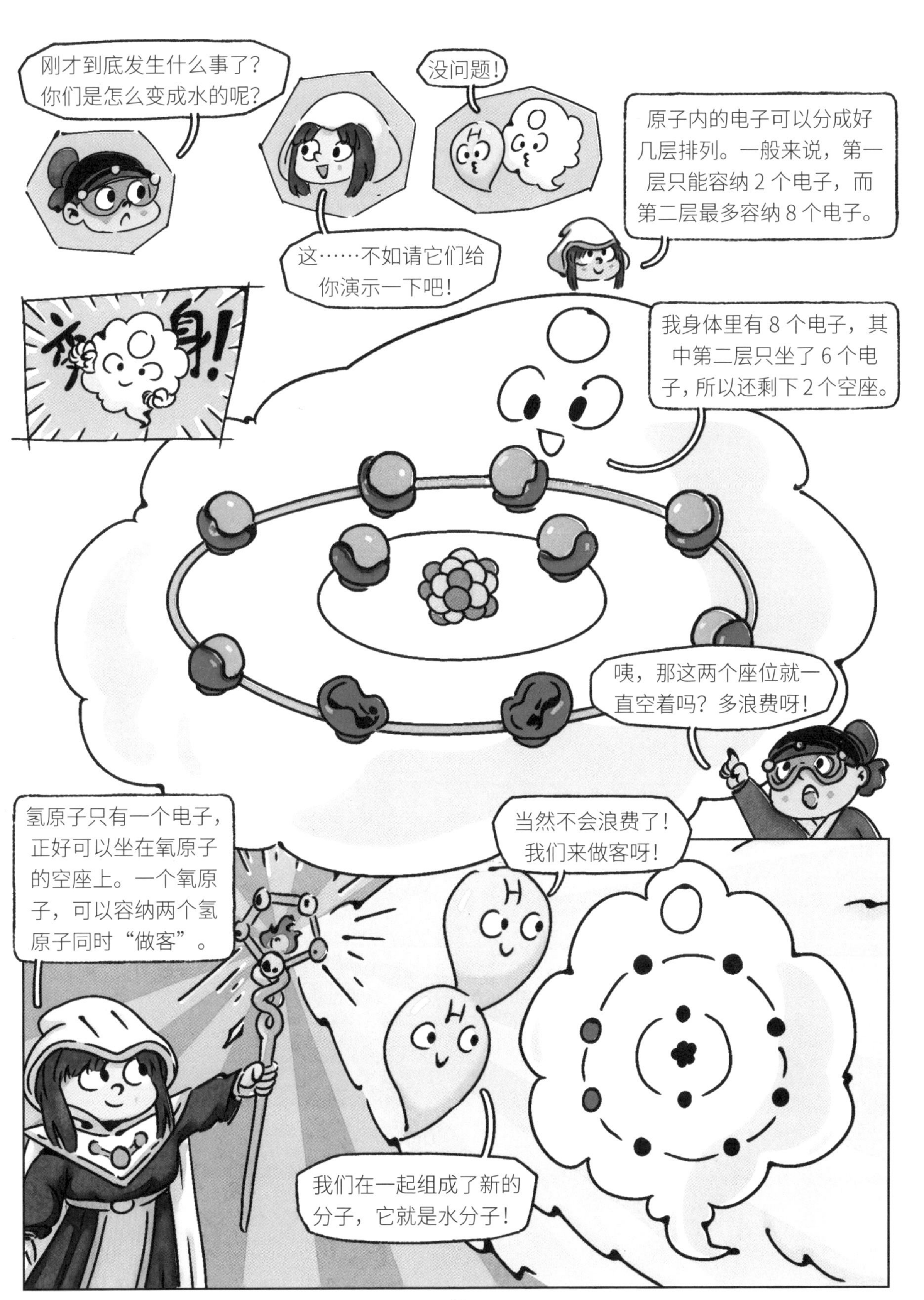
刚才到底发生什么事了？你们是怎么变成水的呢？
这……不如请它们给你演示一下吧！
没问题！
H
O
原子内的电子可以分成好几层排列。一般来说，第一层只能容纳 2 个电子，而第二层最多容纳 8 个电子。
变身！
我身体里有 8 个电子，其中第二层只坐了 6 个电子，所以还剩下 2 个空座。
咦，那这两个座位就一直空着吗？多浪费呀！
氢原子只有一个电子，正好可以坐在氧原子的空座上。一个氧原子，可以容纳两个氢原子同时“做客”。
当然不会浪费了！我们来做客呀！
H
H
我们在一起组成了新的分子，它就是水分子！

当氢气在氧气中被火点燃时，火的能量把氢气和氧气重新拆分成了单独的氢原子和氧原子……
H
H
O
O

H
O
H
在慌乱中，它们重新排列组合，就变成了一个个水分子，爆炸后的水就是这么来的。

化学变化大舞台
店
好神奇啊，两种完全不一样的物质组合在一起，竟然能变成全新的物质！
没错，这种变化就叫作“化学变化”。
氢元素代表队
氧元素代表队

江湖往事之古人眼中的氧气

氧气是一种无色无味的气体，现代的科学家们只能借助精密的仪器才能窥探到它的身影。那么，古人是如何发现氧气的呢？

1807年，德国科学家克拉普罗特在学术研讨会上宣读了一篇论文，题目是《第八世纪中国人的化学知识》，其中提到，中国“至德元年”的堪舆书籍《平龙认》中提到，空气中存在“阴阳二气”，火硝、青石等物质（实为氧化物）加热后就能产生“阴气”；水中也有“阴气”，它和“阳气”紧密结合在一起，很难分解。克拉普罗特指出，书中所说的“阴气”，就是氧气。

中国共有两个时期的帝王使用过“至德”年号，其一是公元585年陈后主在位时期，其二是公元758年唐肃宗在位时期。克拉普罗特的发现，证明中国至少在唐朝就知道了氧气的存在。

那么，现代科学家是如何发现氧气的呢？1774年，拉瓦锡在前人的实验基础上，用汞灰（HgO）的合成与分解实验制得氧气，并对它进行了系统的研究。

化学聚义厅
燃烧和氧化反应

在生活中，燃烧是最常见的化学变化之一。
通常情况下，燃烧需要三个条件：可燃物、氧气（或空气）、温度达到可燃物着火点。
火柴
鼓风机
柴火

当油锅起火的时候，我们可以通过快速盖上锅盖来灭火，其原理就是隔绝了氧气，失去了燃烧条件。

通过燃烧，物质和氧气化合，产生了含有氧元素的新物质。这种化学变化叫作“氧化反应”。

看，我厉害吧！

氧化反应有很多种。燃烧、爆炸是剧烈的氧化反应，切开的苹果、茄子等果蔬放在空气中会变色，也是一种氧化反应。
氧化物代表
H_2O
在化学中，如果某一种物质只含有氧元素和另外一种元素，那么这种物质就被称为“氧化物”。一个水分子中只含有氢原子和氧原子，所以水是一种氧化物。
我是灭火英雄！
二氧化碳也是一种生活中常见的氧化物。二氧化碳能够隔绝氧气，所以可以作为灭火器中的灭火材料使用。

姗姗来迟的『英雄』
水和氧气都是地球生命不可或缺的物质。
这么说，咱们都是“生命之源”！
话也不能这么说……如果非要说“生命之源”，我们也不能忘了另一种元素……
另一种元素？谁呀？
着火了！着火了！
?
呼……呼……累死我了……
它是谁？
它就是另一种有资格拿到“生命之源”称号的元素……
我是碳元素，我带着二氧化碳来帮你们灭火啦！
CO_2

可是……这里的
火早就灭了。
啊……我来晚了，
不好意思。
可是，会灭火就是
“生命之源”吗？
我不服！
还是让碳原子自己来
展示一下能力吧！
好嘞！
哎哟！

我的原子核由6个质子和6个中子组成，
核外共有6个电子，第一层有2个电子，
第二层有4个电子。最外层有4个空座，
既不容易得到电子，也不容易失去电子。
所以，碳原子不容易发生变化。
光在这里说太没意思了，来我
们碳元素工厂参观一下吧！
工厂？

神奇的『碳元素工厂』

这就是我们
碳元素工厂啦！
碳元素工厂
哇，这里这
么豪华啊！
那当然，我们工厂有两条
非常著名的生产线，有了它们，
我们就可以高枕无忧啦！

看，这是我们的
金刚石产品线。
金刚石竟然是由
碳元素组成的？

金刚石拥有强大的
工业切割功能。
10级
我记得晋代《玄中记》中写过：“金刚
出天竺、大秦国，一名削玉刀。削玉如
铁刀削木，大者长尺许，小者如稻米。”

* 正四面体是由四个相同的正三角形组成的几何体。

不是这样的。碳元素是地球上所有生命的“骨架”，如果没有它，地球上就不存在生命了。
碳
骗人的吧？
不知道。
玩儿玩具！我最喜欢啦！
我这里有四个玩具零件，你来试试，把它们拼起来！
不行啊，拼不起来！
氨基
羧基
氢
用这个再试一试！
碳
哇，拼上啦！这是什么玩具？看上去好奇怪啊！
这个外形奇特的“玩具”叫作氨基酸。
氢
氨基
碳
羧基
R基团
氨基酸是人体中非常重要的一种化合物，可以为人体提供各种营养和能量。
我的身体充满了能量！
Power up!
氢
氨基
碳
羧基
R基团

江湖往事 ⑫ 带来温暖的黑金

碳元素也是煤炭的主要成分。不同于石墨和金刚石，煤炭在人们的生活中更常见，也更实用。中国是世界上最早发现煤炭与应用煤炭的国家。古代煤炭有石涅、石炭、石墨、黑金、乌薪、燃石、矿炭、金刚炭等别名。《山海经·北山经》中记载“孟门之山……其下多黄垩，多涅石（煤）。”经考证“孟门之山”位于山陕一带，从《山海经》的写作年代推断，春秋战国时期，在此地就已经发现煤炭了。

煤主要用于手工业与日常生活中。我国曾在河南巩县（现为巩义市）发掘出一座汉代冶铁遗址，其中发现了 18 座炼炉，出土了煤块、煤饼和煤渣。后来，山东平陵发掘出的汉初冶铁遗址中也有煤块，这足以证实中国是全世界最早用煤炼铁的国家。

在日常生活中，汉代人已用煤炭代替柴火作燃料。公元 210 年，曹操筑铜雀台、金凤台、冰井台时，曾在冰井台中藏石炭数十万斤预备燃烧用。明朝著名爱国诗人于谦在《咏石炭》中提到：“但愿苍生俱饱暖，不辞辛苦出山林。”既赞美了煤的品格，也抒发了自己的抱负。

值得一提的是，元朝时马可·波罗来华，看到中国人把“黑石头”（煤）当作燃料，感到十分新奇。那时，欧洲人对煤炭还极为生疏，根本不相信中国有会燃烧的石头，可是中国民间却实实在在应用了煤 1000 多年。

化学聚义厅
“生命之源”荣誉战

争了那么久，它们三个到底谁才是“生命之源”呢？
其实，氢、碳、氧三种元素如果“单打独斗”，都不可能是“生命之源”。当它们结合在一起时，才能组成人类生命不可或缺的物质。
人体中一共含有 6 种不可或缺的营养素，它们分别是蛋白质、无机盐、维生素、水、糖类和油脂。
对于人体来说，它们是生命活动的基本能量来源。
蛋白质
水
油脂
维生素
维C
无机盐
MILK
糖类
其中，糖类和油脂都是由氢、氧、碳三种元素组成的。
锅包肉
每个果糖分子由 6 个碳原子、6 个氧原子和 12 个氢原子组成。
12
6
6

常见的糖类有葡萄糖、果糖、蔗糖和淀粉。
水果中含有果糖。
果糖
葡萄糖又叫血糖，主要作用是为大脑供能。
葡萄糖
蔗糖是我们生活中最常用的调味品。
淀粉
糖

淀粉是大量葡萄糖连接起来组成的巨大分子，多存在于大米、小麦、土豆等主食中。
哇，有这么多！
人体中的每个脂肪分子由57个碳原子、110个氢原子和6个氧原子组成。

由于油脂里含有更多碳和氢，消耗脂肪非常困难，所以吃肥肉要比吃米饭更容易使人变胖。
别追了！

所以，虽然氢、氧、碳三种元素各自都有高强的本领，但是当它们结合在一起的时候，才能顺利地给人体供给能量，维持人体健康！所以它们都是“生命之源”！

俗话说“众人拾柴火焰高”，不要再争“生命之源”这个虚名啦！
嘿嘿……
时间不早了，我得带你回去了。
啊？那我们还能再见面吗？
当然了！不信你看，闪耀在天边的星星、高大雄伟的山峰……
草原上清新的空气、维持生命的宝贵的水源……
你脚下的土地，甚至你的骨骼、肌肉……我们的身影藏在地球上的各个角落！
再见！
谢谢你们的招待！
再见

终于又轮到
我出场啦！
咦，麦芽糖瀑布
不见了……
是的，这里原本就应该
是一个普通的瀑布。
不过，你们到底
是什么人？为什么
会来这里呢？

这个问题嘛……
这是个很长很
长的故事……
再见

稀有气体是一种由单原子组成的气体，它们的性质非常稳定，几乎不会和氧气发生反应，所以又叫作“惰性气体”。平时，稀有气体元素是透明无色的，但是通电以后，它们就会呈现出不同的颜色。
稀有气体元素
He
Xe
Ne
Kr
Ar
看！稀有气体元素碎片也回来啦！
生活中常见的稀有气体元素分别是氦、氖、氩、氪、氙，它们的化学符号分别为 He、Ne、Ar、Kr、Xe。
霓虹灯中就充满了稀有气体，所以才会发出多彩的光芒。

和我们一起修复化学江湖吧！

1. 氢原子的原子核中只有1个质子和1个电子，没有中子。

2. 氢元素是宇宙中含量最高、分布最广的化学元素。

3. 氢元素是所有动植物生命中不可或缺的部分，比如植物的细胞壁中就含有氢元素。氢元素就像一个个螺丝钉一样，可以连接植物体内各种化合结构，还能参加植物的光合作用、呼吸作用等重要工作。

1. 氧原子的原子核由8个质子和8个中子组成，原子核周围有8个电子。

2. 氧气是由氧气分子组成的单质，每个氧气分子都由两个氧原子组成。氧气是维持生命必不可少的物质。

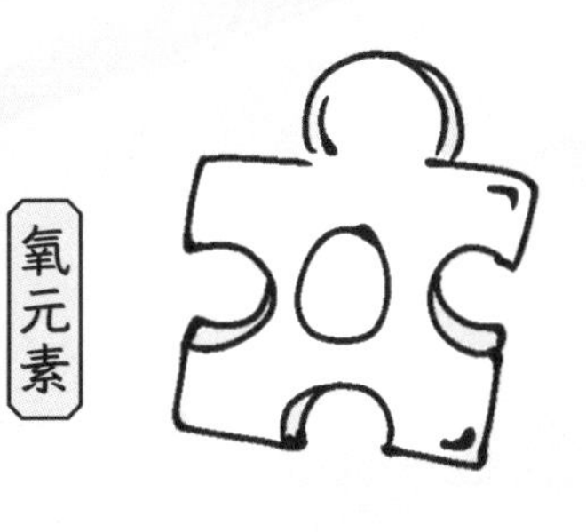

3. 蓝细菌会产生氧气。蓝细菌出现在地球上以后，陆地上才出现了丰富多彩的生物。

4. 臭氧会吸收太阳光中对生物有害的短波紫外线，是“地球卫士”。

1. 碳原子的原子核由6个质子和6个中子组成，原子核周围有6个电子。

2. 碳原子最外层有4个空座，既不容易得到电子，也不容易失去电子。所以，碳原子不容易发生变化。

3. 金刚石由碳元素组成。因为金刚石中的碳原子组成了一个正四面体，这种结构非常稳定，它比任何自然界中的物质都坚固，是世界上最硬的材质。

4. 石墨也是由碳元素组成的。石墨内部原子呈片状结构排列，用手一摸，片层就会滑动。

5. 地球上的生命都是以碳元素为基础的，所以被叫作“碳基生命”。

米莱童书

米莱童书是由国内多位资深童书编辑、插画家组成的原创童书研发平台。旗下作品曾获得 2019 年度“中国好书”，2019、2020 年度“桂冠童书”等荣誉；创作内容多次入选“原动力”中国原创动漫出版扶持计划。作为中国新闻出版业科技与标准重点实验室（跨领域综合方向）授牌的中国青少年科普内容研发与推广基地，米莱童书一贯致力于对传统童书进行内容与形式的升级迭代，开发一流原创童书作品，适应当代中国家庭更高的阅读与学习需求。

致 谢： 感谢任继愈、赵匡华等老师编著的《中国古代化学》（商务印书馆），为我们展现了一个清晰、科学的古代学术世界。

策 划 人： 刘润东　魏诺

原创编辑： 王曼卿　张婉月　王佩

漫画绘制： Studio Yufo

专业审稿： 华北电力大学环境学院应用化学专业副教授
有机化学课程教学改革项目负责人　张岳玲

装帧设计： 辛洋　马司文　张立佳　刘雅宁

·给孩子的化学通关秘籍·

米莱童书 著/绘

· 宝石里的元素 ·

北京理工大学出版社
BEIJING INSTITUTE OF TECHNOLOGY PRESS

图书在版编目（CIP）数据

化学江湖：给孩子的化学通关秘籍：共 8 册 / 米莱童书著、绘. -- 北京：北京理工大学出版社，2023.4（2024.3重印）
ISBN 978-7-5763-2197-5

Ⅰ.①化… Ⅱ.①米… Ⅲ.①化学—少儿读物 Ⅳ.① O6-49

中国国家版本馆 CIP 数据核字 (2023) 第 046855 号

出版发行 / 北京理工大学出版社有限责任公司
社　　址 / 北京市丰台区四合庄路6号
邮　　编 / 100070
电　　话 /（010）82563891（童书出版中心）
经　　销 / 全国各地新华书店
印　　刷 / 北京地大彩印有限公司
开　　本 / 710 毫米 × 1000 毫米　1/16
印　　张 / 20
字　　数 / 500 千字
版　　次 / 2023 年 4 月第 1 版　2024 年 3 月第 7 次印刷
定　　价 / 200.00 元（共 8 册）

责任编辑 / 封　雪
文案编辑 / 封　雪
责任校对 / 刘亚男
责任印制 / 王美丽

致少年读者朋友：

当我在同你们一样对世界充满好奇的年纪时，听到“化学”两个字，脑海中浮现出的画面是：昏暗的实验室中，各种奇形怪状的玻璃瓶陈列在操作台上，戴着防护眼镜的实验人员把不同反应物混合在一起、观察到液体反应物的颜色变化或者是在里面“咕嘟咕嘟”地冒出气体……

后来我才知道，化学其实并不像我们想象的那么“高深莫测”，它始终陪伴在我们身边——打开一瓶汽水，里面的“气”跑出来了，这是化学；点燃一根烟花棒，美丽的烟花在夜色中盛开，这也是化学。其实，我们吃的、喝的是化学物质，穿的、拿的是化学产品，所见、所闻、所感大多是化学现象……简言之，化学无处不在，它“平易近人”，是带领我们认识世界的最初的导师。

《化学江湖》很好地诠释了这一点。

整套书用童真的对话引出深刻的道理，通过奇幻的故事、丰富的画面，将知识从书本上“唤醒”，带你到化学世界进行一次奇妙的探险。国风元素的融入更是别出心裁，使得古色古香之中，一股侠义之风泠然而上，中国独有的文化气息随之扑面而来。

翻开《化学江湖》，你会发现，原来早在古代，我国的陶瓷制作、金属冶炼和炼丹术等就已经与化学“交情匪浅”了。

譬如，武器精灵会告诉你，古人如何从矿石中冶炼出铜、铁等金属，从而锻造出兵器；腐蚀精灵会告诉你，酸雨因何而“酸”，又与我国“四大发明”之中的火药有着怎样的关联；宝石精灵会告诉你，被称为“东方绿宝石”的翡翠因何翠色欲滴，究竟是哪一种元素赋予它美丽的色彩……

什么叫做原子？什么叫做分子？

氧气从哪里来？水又是如何形成的？

“鬼火”到底是什么火？“银针试毒”到底是什么原理？

带着这些问题，我正式邀请你加入这段新征程。翻开《化学江湖》吧，它将成为你踏上科学高山的第一级台阶！

李永舫

中国科学院化学研究所研究员（中科院院士）

传说，宇宙中漂浮着一颗神秘的星球，叫作化学江湖。这里原本是一个平静、和谐的世外桃源，但是由于一次意外的大爆炸，被炸得七零八落……
维持化学江湖运转的宝物——元素碎片被爆炸的冲击波推到了地球上。住在化学江湖上的元素精灵们心急如焚，准备到地球上寻找元素碎片，重建化学江湖……

目录

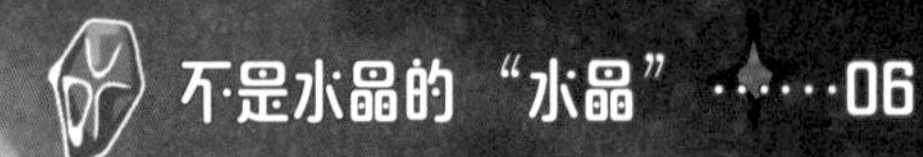

我是元素罗盘，负责配合宝石精灵确认元素碎片的方位。

元素罗盘

宝石精灵既是一位温柔美丽的姑娘，也是一位见义勇为的侠客。她对世间所有宝石了如指掌，熟知它们的成分和内部结构。宝石精灵负责搜索硅、镁、铝等元素碎片。

不是水晶的『水晶』

▶ 硅：化学符号为 Si，原子序数为 14。

你看，这块大石头是硅元素单质，是由硅原子组成的。
这还是我的大黑石头吗？怎么里面这么密密匝匝的？
硅原子有 14 个质子，14 个中子，14 个电子，最外层电子数是 4，既不容易得到电子，也不容易失去电子，所以化学性质非常稳定。
我们不分开！
硅单质分子
为什么有 4 个空座的硅原子可以形成稳固的“联盟”呢？回到本系列第一册看看吧！
可是，这也不能说明它不是黑水晶呀！

别着急嘛。
你再看这个……
水晶不是硅单质，而是氧化物。
它主要是由二氧化硅构成的，内部不仅有硅原子，还有氧原子。
看，二氧化硅晶体里有很多这样的四面体，它的每个面都是三角形。三角形是非常稳固的结构，所以水晶质地非常坚硬。
二氧化硅分子
我们也是好朋友！
正四面体是由 4 个全等正三角形围成的几何体，是一种比较稳定的几何结构。

闪亮的『晶体』
我还是不明白，它们明明不一样的，可是为什么看上去一样亮晶晶的呢？
因为它们都是“晶体”。
Si
晶体在我们的生活中非常常见——冬季飘落的雪花、厨房常用的盐粒、闪亮的金刚石，都是晶体。
盐
晶体中微粒的排列是有规律的。比如，每一朵雪花的形状都是对称的，它上面的分叉也同样是对称的，一直放大下去，微观层面上的结构也都是对称的。
回去吧你！
呜呜呜……白费了半天力气，它竟然真的不是黑水晶……
这使一束平行射入晶体的光线，也会以同样的角度平行射出，不会散射到别的地方去，因此看起来亮晶晶的。

江湖往事之石英，古老的宝石

早在远古时代，我们的祖先就开始使用石英了。石英是由二氧化硅组成的矿物，纯净的石英被叫作水晶。《山海经》中有这样一句话：“堂庭之山……多水玉。”“水玉”就是一种透明的石英。古老的玻璃也是用石英制作成的。

南朝的学者陶弘景研究过石英，他区分出了出黄、赤、青、黑等多种石英。

洁净透明的石英又被称为“水晶”，它常常出现在诗人的笔下。初唐诗人沈佺期写道：“水晶帘外金波下，云母窗前银汉回。”唐代大诗人李白也写过：“却下水晶帘，玲珑望秋月。”北宋诗人苏轼则写道：“记取上元灯火夜，道人犹在水晶宫。”

六棱的水晶又被叫作“菩萨石”，北宋时的书籍《杨文公谈苑》中记载：“嘉州峨眉山有菩萨石，人多采得之。色莹白……”

化学聚义厅
如何得到硅元素

组成地球岩石的矿物中，90% 含有硅元素。
在我们的生活中，硅元素无处不在。
除了水晶、玻璃等物体以外，光纤也是用二氧化硅制造的。二氧化硅制造的光纤传输容量大、损耗小、质量好，是理想的宽带网络传输媒介。
光纤内芯
二氧化硅
手机芯片的原材料是硅单质，它们一般是从沙子里提炼出来的。
Si
硅原子

把石英、沙子和高纯度的碳放到一起，用高温加热，就能获得硅单质。

当人们想要获得某种元素的单质时，常常把它的氧化物和碳一起加热，让氧和碳一起离开，剩下的就是这种元素的单质了。

美丽的宝石瀑布

呃……也不是啦……
哇！你们是下凡的神仙吗？
收！

你们到底是什么人？为什么来找这块大石头呢？
呜！
我是宝石精灵。至于为什么要来找这块大石头……
啊，是我家的商船！

你又到这里来找宝石了？
嘿嘿……没找到宝石，但是找到了一个宝石专家！

听说有人在下游的矿山里发现了宝石，我们正要去看看呢！
没问题！
和我们一起去吧！
这些年，我们的生意越来越红火了！
这可多亏了郑和！
这船真漂亮！
这样的商船，我家还有好几艘呢！
郑和？那是什么人？
当年，郑和七下西洋，开辟了许多海上贸易路线。从此，咱们的宝石贸易也就越来越繁荣了！

▶铝：化学符号为 Al，原子序数为 13。
铝元素碎片
Al
就是这里。
哇，宝石山！
太好了！
快看，是铝元素碎片！

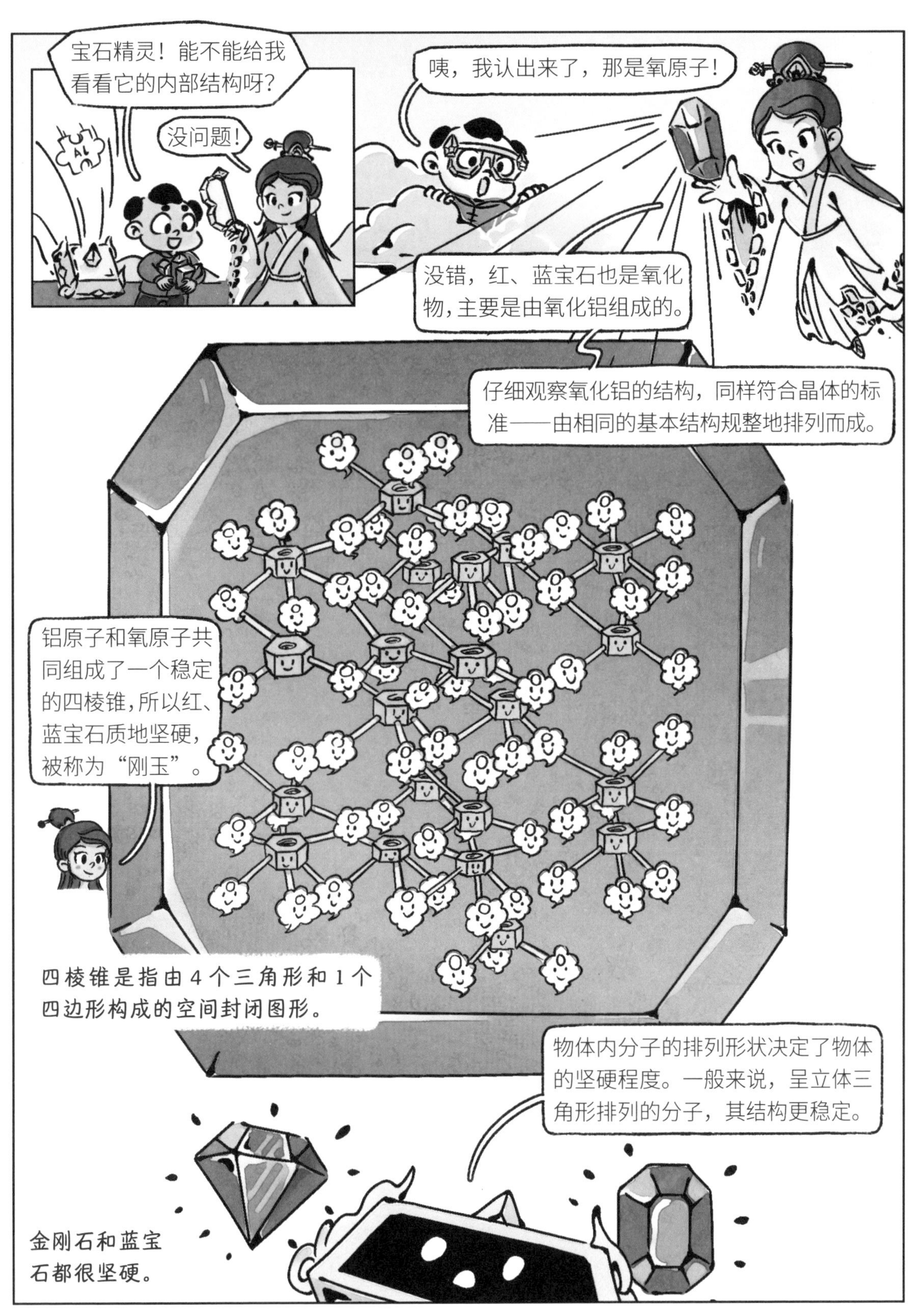
宝石精灵！能不能给我看看它的内部结构呀？
没问题！
咦，我认出来了，那是氧原子！
没错，红、蓝宝石也是氧化物，主要是由氧化铝组成的。
仔细观察氧化铝的结构，同样符合晶体的标准——由相同的基本结构规整地排列而成。
铝原子和氧原子共同组成了一个稳定的四棱锥，所以红、蓝宝石质地坚硬，被称为“刚玉”。
四棱锥是指由4个三角形和1个四边形构成的空间封闭图形。
物体内分子的排列形状决定了物体的坚硬程度。一般来说，呈立体三角形排列的分子，其结构更稳定。
金刚石和蓝宝石都很坚硬。

你好，铝元素！
你好！我是铝原子！
铝原子？
铝原子由 13 个质子、14 个中子、13 个电子组成。
AL
这个好玩！我也想要！
这可不是玩具。铝是一种非常实用的金属，可以帮助人们做各种各样的事情。
铝
铝可以被制成像纸一样的薄片，叫作铝箔。铝箔可以保温、防水、密封、导热，用铝箔制作烤鸡，能够锁住鸡肉里的水分，防止烤焦。
一个物体，若既能被拉伸成很长的一条而不断裂，又能被压缩成很小的一块而不破裂，就拥有了很好的“延展性”。
铝合金可以用来制作门窗、手机外壳。
单质铝具有很好的延展性。

江湖往事 ② 晋代的铝元素迷案

铝元素是一种比较活泼的元素，极难提炼，因此，中国古代虽然存在含有铝元素的陶器、瓷器、染料，但历史上从未出现过铝制金属器具。

可是，1956 年，考古学家从江苏宜兴发现的西晋将军周处墓中清理出 17 件带有镂空花纹的金属片，其中一枚小块残片的内层合金成分包含 85% 的铝，10% 的铜和 5% 的锰。

中国科学院十分重视这一发现。因为当时世界各国均未发现天然铝，而残片中的铝元素比例很高，因此足以推断残片中的铝是人工制成的。可是，这是否能够证明古人已经有能力提炼单质铝了呢？

遗憾的是，据史料记载，这座墓曾经在 1350 年和 1860 年被盗掘过两次，在 1952 年初次发掘这座墓时，其中也有明显的扰乱痕迹。因此，也不能排除小块铝片是盗墓者遗落其中的。

如今，这块铝制碎片究竟是否来自晋代，已经成为一桩悬而未决的谜案，它的真相正等待后人一步步挖掘。

化学聚义厅
合金

由两种或两种以上的物质混合而成的、具有金属特性的物质，被称为合金。
铝原子代表队
铁原子代表队
你好，我是铁原子。
合金中的物质至少有一种是金属材料！
可是，它们好像一点都不想一起玩……
我有办法！我们让气氛“热”起来吧！
让我们围着篝火热闹起来吧！
篝火晚会
想要制作合金，需要先在高温中让金属熔化，然后再混合到一起，最后冷却下来。

高温会改变金属中的原子排列方式，所以相比于纯金属，合金会有一些不一样的特点……
由于合金中原子的半径大小不一，而原有结构的秩序被破坏，一旦遇到高温，它们就会“各自逃命”，所以大部分合金比纯金属更容易熔化。
铝铁合金
对于铝铁合金来说，冷却后的合金中原子层之间的相对滑动变得困难，因此，铝铁合金比纯金属更加坚硬、不易断裂。
因为合金足够坚硬，所以经常被应用在飞机、轮船和火箭的制造中。

美丽的镁铝榴石
太好了！找到这么多宝石！
接下来你们
还要去哪里呢？
到宝石集市去呀！
顺着下游继续走，有一个非常
大的宝石集市，世界各地的宝石商
人都会来这里做生意，可热闹了！
你不会不想去
吧？我还想让你
教我鉴别其他
宝石呢！
嗯……我们确实还有一些
重要的事情要去做……
不好了！
快救人！
出什么事了？
前面有
一艘船沉了！

在那儿！
看我的！
是仙女救了我们！
她不是仙女！她是我找来的宝石专家！
你们是谁？从哪里来的？
我们是从外国来的客商。我们找到了一颗非常珍贵的宝石，准备到集市去卖掉。
真的吗？可不可以给我们看一看！
当然可以，这边请。

你们看！
哇，居然有这么大的宝石！
上面这是……
……是镁元素碎片！
镁元素碎片
Mg
镁：化学符号为 Mg，原子序数为 12。
我们第一次开采到这么晶莹剔透的宝石……它实在是太美了！
水晶也有红色的，它是不是呢？
不是的，这种宝石也叫镁铝榴石，和水晶的元素构成不同……
你看。
好复杂啊……
镁铝榴石由镁、铝、硅、氧四种元素构成，是一种硅酸盐。
铝原子
镁原子
硅原子
氧原子

呃……
硅酸盐指的是硅、氧与其他化学元素结合而成的化合物的总称，不是说它是咸的……
什么是硅酸盐？它是咸的吗？
Mg

硅酸盐以硅 - 氧四面体为主要结构。
硅-氧四面体
Mg
Al
当我和氢原子在一起时，我们就变成了硅酸。硅酸本身是一种液体，但是脱水后就会变成硅酸凝胶，也叫作“硅胶”。
H
H
确实没有味道。
硅胶可以用来制作键盘、手机壳等物品。
你是谁？
我是镁原子。

活泼的镁元素
镁也是一种金属，内部由 12 个质子、12 个中子、12 个电子组成。
由于最外层只有 2 个电子，所以镁是一种非常活泼的元素，非常容易和各种元素发生化学反应。
Mg
镁元素单质本身是银白色的固体，但是因为它非常容易被氧化，所以在空气中放置一会儿以后，就变得灰突突的了。
就像我在空气中会变成棕色一样。
把打磨光滑的镁条放进冷水里，可以看到它的表面缓缓冒出气泡。这是镁与水反应，生成了氢气。
分体!!!

江湖往事之历史上的镁元素

和铝元素一样，镁元素也是一种活泼的金属元素，非常容易发生化学反应，因此它们经常以化合物的形态出现在自然界中。

古人虽然不能提取镁元素单质，却常常利用含有镁元素的各种矿物。比如，滑石就是一种拥有多种用途的含镁矿物。河南出土的距今7500—8500年的新石器时代中期遗址中，就包括掺杂少量滑石粉的红褐陶。距今6500多年的北京平谷新石器时代中期遗址中，也曾出土用滑石制成的石球、石环等日用品。

除此以外，滑石还可以当作药物使用。例如，甘肃武威出土的东汉医药简牍中，记载了16种矿物药，其中有滑石；《神农本草经》中也把滑石列为上品药；《本草纲目》中则记载“（滑石）甘、寒、无毒”，可以治疗伏暑吐泻、风毒热疮等疾病。

化学聚义厅
哪里可以找到镁元素

白云岩可以用来提炼镁质耐火材料；菱镁矿和水镁矿可以用来提取镁元素。
白云岩
菱镁矿
水镁矿
镁元素是构成地壳的重要元素之一。

海水中也存在镁元素。如果你尝一口海水，就会发现海水不仅是咸的，还有一股苦涩的味道。
海水中的咸味来自另外两种元素，以后你就知道啦。
Mg
因为有我，所以海水才是苦的。

一个成年人身体中的镁元素含量为 25 克左右，差不多是半个橘子的质量。
我可以放松人体神经，使人心情平静、愉悦。同时，我还可以预防中枢神经系统损伤，修复神经组织、神经细胞，让它们正常工作。
人体中的镁大部分存在于骨骼和牙齿中，还有一小部分存在于软组织中。
而且，镁可促进人体骨骼对钙元素的吸收。所以，很多补钙产品是“钙镁片”。
钙镁片
镁元素还可以让骨骼保持年轻。如果人体缺镁，骨质便会过早老化，从而引发关节炎。
Mg
植物细胞里，镁是叶绿素的主要成分。
对于植物来说，有了我，阳光才有意义！
叶绿素是植物进行光合作用时必需的物质，帮助植物吸收太阳光中的能量，使植物得以生长。

总之，非常感谢你们救了我们。这块珍贵的镁铝榴石就送给你们当谢礼了！
那可不行，刘备说过“勿以善小而不为”，只要是好事，每个人都应该主动去做！
而且，我也要感谢你们带来了我们丢失的镁元素碎片呢。

你们如果也要去宝石集市的话，不如和我们一路吧！
真的吗？太感谢了！
走吧，我们也一起去！
呃……
透明度高的镁铝榴石确实太珍贵了……你们真的是很幸运。
可是我还是更喜欢有颜色的宝石！多好看呀！
话说回来，红、蓝宝石的成分明明都是氧化铝，为什么颜色不一样呢？

▶钛：化学符号为 Ti，原子序数为 22。 ▶铬：化学符号为 Cr，原子序数为 24。

翡翠被称为"东方绿宝石"，其中同样含有铬元素。
翡翠
Cr
芙蓉石的主要成分是二氧化硅。锰元素为芙蓉石带来了粉色。
芙蓉石
锰原子
▶锰：化学符号为 Mn，原子序数为 25。
钒金绿宝石由钒致色，呈现出淡淡的薄荷绿色，受到人们的喜爱。
钒金绿宝石
V
钒原子
▶钒：化学符号为 V，原子序数为 23。
正是因为有了各种各样的“染色”元素，宝石才能呈现出缤纷的色彩。

啊……我们要回去啦。
你还是要走啊……那我们什么时候还能再见呢？
等重建化学江湖后，我会来邀请你的！再见啦！
Si
Mg
Al
说话要算数哦！再见啦！

Cr
Ti
Mn
V
铬元素是一种具有银灰色光泽的硬而脆的金属。
当它存在于宝石矿物中时，主要给宝石赋予华丽的绿色，
也会带来其他绚丽的颜色。
锰元素主要给宝石赋予粉色和紫色。
钛元素主要给宝石赋予蓝色。
钒元素赋予宝石淡淡的金绿色。

和我们一起修复化学江湖吧！

硅元素

1. 硅原子中有 14 个质子，14 个中子，14 个电子，既不容易得到电子，也不容易失去电子，所以化学性质非常稳定。

2. 水晶是由二氧化硅构成的。二氧化硅晶体中的硅原子和氧原子组成了每个面都是三角形的四面体。三角形是最稳固的结构，所以水晶非常坚硬。

3. 组成地球岩石的矿物中，90% 含有硅元素。

镁元素

1. 镁是一种金属，镁原子中有 12 个质子、12 个中子、12 个电子。由于最外层只有 2 个电子，所以镁是一种非常活泼的元素，非常容易和各种元素发生化学反应。

2. 镁元素单质本身是银白色的固体，但是因为它非常容易被氧化，所以在空气中放置一会儿以后，就会呈现出灰色。

3. 人体大脑中的镁元素可以放松人体神经，预防中枢神经系统损伤，修复神经组织、神经细胞，让它们维持正常功能；镁元素还可以让骨骼保持年轻，促进骨骼对钙元素的吸收。

铝元素

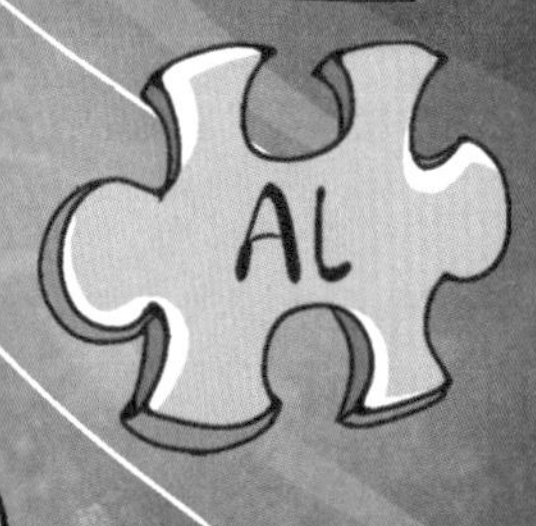

1. 铝原子由 13 个质子、14 个中子、13 个电子组成。单质铝具有很好的延展性。铝可以被制成铝箔，用于保温、防水、密封、导热等。铝合金可以用来制作门窗、手机外壳。铝元素在地壳中的含量位列第三，仅次于氧元素和硅元素，是地壳中含量最丰富的金属元素。

合金

1. 由两种或两种以上的物质混合而成的、具有金属特性的物质称为合金。合金中的物质至少有一种是金属材料。

2. 合金比纯金属更容易熔化，也更加坚硬、不易断裂，所以，合金经常被应用在飞机、轮船和火箭的制造中。

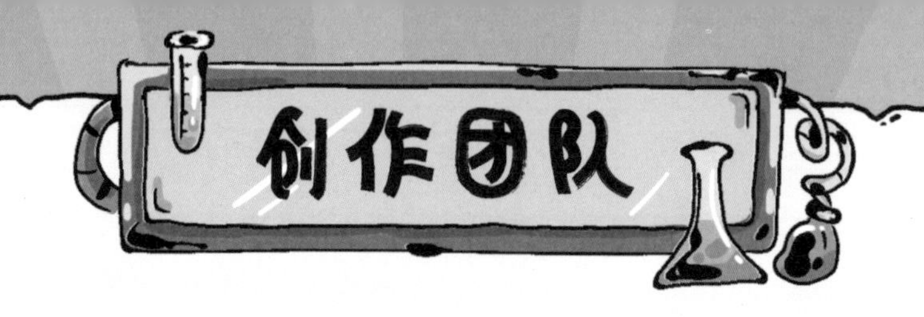

米莱童书

米莱童书是由国内多位资深童书编辑、插画家组成的原创童书研发平台。旗下作品曾获得 2019 年度“中国好书”，2019、2020 年度“桂冠童书”等荣誉；创作内容多次入选“原动力”中国原创动漫出版扶持计划。作为中国新闻出版业科技与标准重点实验室（跨领域综合方向）授牌的中国青少年科普内容研发与推广基地，米莱童书一贯致力于对传统童书进行内容与形式的升级迭代，开发一流原创童书作品，适应当代中国家庭更高的阅读与学习需求。

致 谢： 感谢任继愈、赵匡华等老师编著的《中国古代化学》（商务印书馆），为我们展现了一个清晰、科学的古代学术世界。

策 划 人： 刘润东　魏诺

原创编辑： 王曼卿　张婉月　王佩

漫画绘制： Studio Yufo

专业审稿： 华北电力大学环境学院应用化学专业副教授
有机化学课程教学改革项目负责人　张岳玲

装帧设计： 辛洋　马司文　张立佳　刘雅宁

米莱童书 著/绘

北京理工大学出版社
BEIJING INSTITUTE OF TECHNOLOGY PRESS

图书在版编目（CIP）数据

化学江湖：给孩子的化学通关秘籍：共8册 / 米莱童书著、绘. -- 北京：北京理工大学出版社，2023.4（2024.3重印）
ISBN 978-7-5763-2197-5

Ⅰ. ①化… Ⅱ. ①米… Ⅲ. ①化学－少儿读物 Ⅳ. ① O6-49

中国国家版本馆 CIP 数据核字 (2023) 第 046855 号

出版发行 / 北京理工大学出版社有限责任公司
社　　址 / 北京市丰台区四合庄路6号
邮　　编 / 100070
电　　话 /（010）82563891（童书出版中心）
经　　销 / 全国各地新华书店
印　　刷 / 北京地大彩印有限公司
开　　本 / 710 毫米 × 1000 毫米　1/16
印　　张 / 20
字　　数 / 500 千字
版　　次 / 2023 年 4 月第 1 版　2024 年 3 月第 7 次印刷
定　　价 / 200.00 元（共 8 册）

责任编辑 / 封　雪
文案编辑 / 封　雪
责任校对 / 刘亚男
责任印制 / 王美丽

致少年读者朋友：

当我在同你们一样对世界充满好奇的年纪时，听到“化学”两个字，脑海中浮现出的画面是：昏暗的实验室中，各种奇形怪状的玻璃瓶陈列在操作台上，戴着防护眼镜的实验人员把不同反应物混合在一起、观察到液体反应物的颜色变化或者是在里面“咕嘟咕嘟”地冒出气体……

后来我才知道，化学其实并不像我们想象的那么“高深莫测”，它始终陪伴在我们身边——打开一瓶汽水，里面的“气”跑出来了，这是化学；点燃一根烟花棒，美丽的烟花在夜色中盛开，这也是化学。其实，我们吃的、喝的是化学物质，穿的、拿的是化学产品，所见、所闻、所感大多是化学现象……简言之，化学无处不在，它“平易近人”，是带领我们认识世界的最初的导师。

《化学江湖》很好地诠释了这一点。

整套书用童真的对话引出深刻的道理，通过奇幻的故事、丰富的画面，将知识从书本上“唤醒”，带你到化学世界进行一次奇妙的探险。国风元素的融入更是别出心裁，使得古色古香之中，一股侠义之风泠然而上，中国独有的文化气息随之扑面而来。

翻开《化学江湖》，你会发现，原来早在古代，我国的陶瓷制作、金属冶炼和炼丹术等就已经与化学“交情匪浅”了。

譬如，武器精灵会告诉你，古人如何从矿石中冶炼出铜、铁等金属，从而锻造出兵器；腐蚀精灵会告诉你，酸雨因何而“酸”，又与我国“四大发明”之中的火药有着怎样的关联；宝石精灵会告诉你，被称为“东方绿宝石”的翡翠因何翠色欲滴，究竟是哪一种元素赋予它美丽的色彩……

什么叫做原子？什么叫做分子？

氧气从哪里来？水又是如何形成的？

“鬼火”到底是什么火？“银针试毒”到底是什么原理？

带着这些问题，我正式邀请你加入这段新征程。翻开《化学江湖》吧，它将成为你踏上科学高山的第一级台阶！

李永舫

中国科学院化学研究所研究员（中科院院士）

传说，宇宙中漂浮着一颗神秘的星球，叫作化学江湖。这里原本是一个平静、和谐的世外桃源,但是由于一次意外的大爆炸，被炸得七零八落……
维持化学江湖运转的宝物——元素碎片被爆炸的冲击波推到了地球上。住在化学江湖上的元素精灵们心急如焚，准备到地球上寻找元素碎片，重建化学江湖……

武器精灵是一位风风火火的侠客，她精通古往今来各类武器的成分和铸造方法。她拥有强大的武力值，是一位爱好和平的使者。武器精灵负责搜索铜、锡、铁等元素碎片。
武器精灵
目录
偶遇好战儿童……06
锡元素立大功……16
天外来客……25
止戈为武……33
我是元素罗盘，负责配合武器精灵确认元素碎片的方位。
元素罗盘

偶遇好战儿童

铜元素碎片就在这附近！
嘀嘀！

走，去看看。

咦，难道是我感应错了？怎么什么都没有啊。

你的感应没有错。这里有这么多铜草，铜元素碎片肯定就在附近。
铜草？
铜草

铜草是一种能够聚集大量铜元素的植物。

生长在含铜量过高的土壤里，大部分植物会变得矮小、枯黄，甚至无法成活，而铜草依然能茁壮成长。
Cu
Cu
Cu
Cu
Cu
Cu

所以，有铜草的地方就会有铜矿。
铜元素碎片原来在这里啊！真是得来全不费工夫！
铜元素碎片
Cu
Cu
Cu
▶铜：化学符号为 Cu，原子序数为 29。

呔！此山是我开，此树……没有树！要想过此路，留下你的武器！
哪来的小孩？好大的口气。

你为什么要打劫我们的武器？
因为我的坏了。没有武器我就没法战斗，不战斗我就没饭吃。别说废话，快快交出你的剑。
嗖
小小年纪，满脑子打打杀杀，成何体统！你家大人呢？
刀下留人！
谁在说话？

实在抱歉，给您添麻烦了。她只是说说而已，没做过什么坏事。
才不是说说而已，我以后要当大将军，占领所有肥沃的土地！

孩子这么好战，你这当长辈的难辞其咎。
唉……也不知为什么，我们村里的土地种不出粮食，家家户户都吃不上饭……

这片土地确实很特殊，不过可不是被诅咒了，这是老天送给你们的礼物！
土地贫瘠，是因为下方埋着一座巨大的铜矿。

你……你是谁？
我是铜原子，我能为你们带来财富！
铜原子

许多铜原子聚集起来，就组成了金属铜。金属铜质地柔软，带有光泽，延展性好，能被做成铜片、铜丝；导热性好，所以用铜壶烧水，水很快就开了。
Cu
铜

等你们把铜矿开采出来，卖了换钱，不就有钱买吃的了吗？

你骗人，哪里有铜矿，我怎么没看见？

这些绿色的石头是孔雀石，蓝色的则是蓝铜矿，都是含有铜元素的矿物，能够作为炼铜的原料，帮助你们致富。
嚯！

某年九月五日，一位女侠来到村里。

她告诉了我们致富的秘诀，全村人都对她非常感激。

喝完这一杯，我们就要开工了！

很好！你看，炉子里的孔雀石受热分解，绿色逐渐褪去，剩下黑色的氧化铜，而水和二氧化碳则以气体形态离开。炉子里的氧化铜再和木炭发生反应，生成金属铜和二氧化碳。
你所说的炼铜炉我们已经造出来了！
二氧化碳
水
孔雀石受热分解为氧化铜、水和二氧化碳，这种“一变多”的化学反应叫作分解反应。
木炭
氧化铜
孔雀石
铜
氧化铜是化合物，和木炭里的碳单质反应，生成铜单质和二氧化碳。这种一种化合物与一种单质反应，生成另一种单质和另一种化合物的反应，叫作置换反应。

江湖往事 之 铜绿山古铜矿遗址

中国很早就开始冶炼金属铜了，历史可以追溯到夏朝。据《左传 · 宣公三年》中记载："昔夏之方有德也，远方图物，贡金九牧，铸鼎象物，百物而为之备，使民知神奸。"这是说在夏朝的时候，有德之君将九州进贡的金属铸成九鼎，把各种奇异事物铸在鼎上，让百姓懂得哪些是神，哪些是邪恶的事物。这便是"九鼎"的由来。

考古学家没有发现九鼎的实物，但发现了不少夏朝的青铜器，如被称为"华夏第一爵"的乳钉纹平底爵就是夏朝的文物。

铜绿山古铜矿是中国古代最重要的铜矿之一，许多朝代都曾在这里开采金属铜。西周至春秋时期的矿井，开采深度为地下 20 ~ 30 米；战国和汉代的矿井，开采深度达到地下 40 ~ 50 米。

此处出土了 8 个春秋时期的炼铜竖炉，还有各种铜制工具。

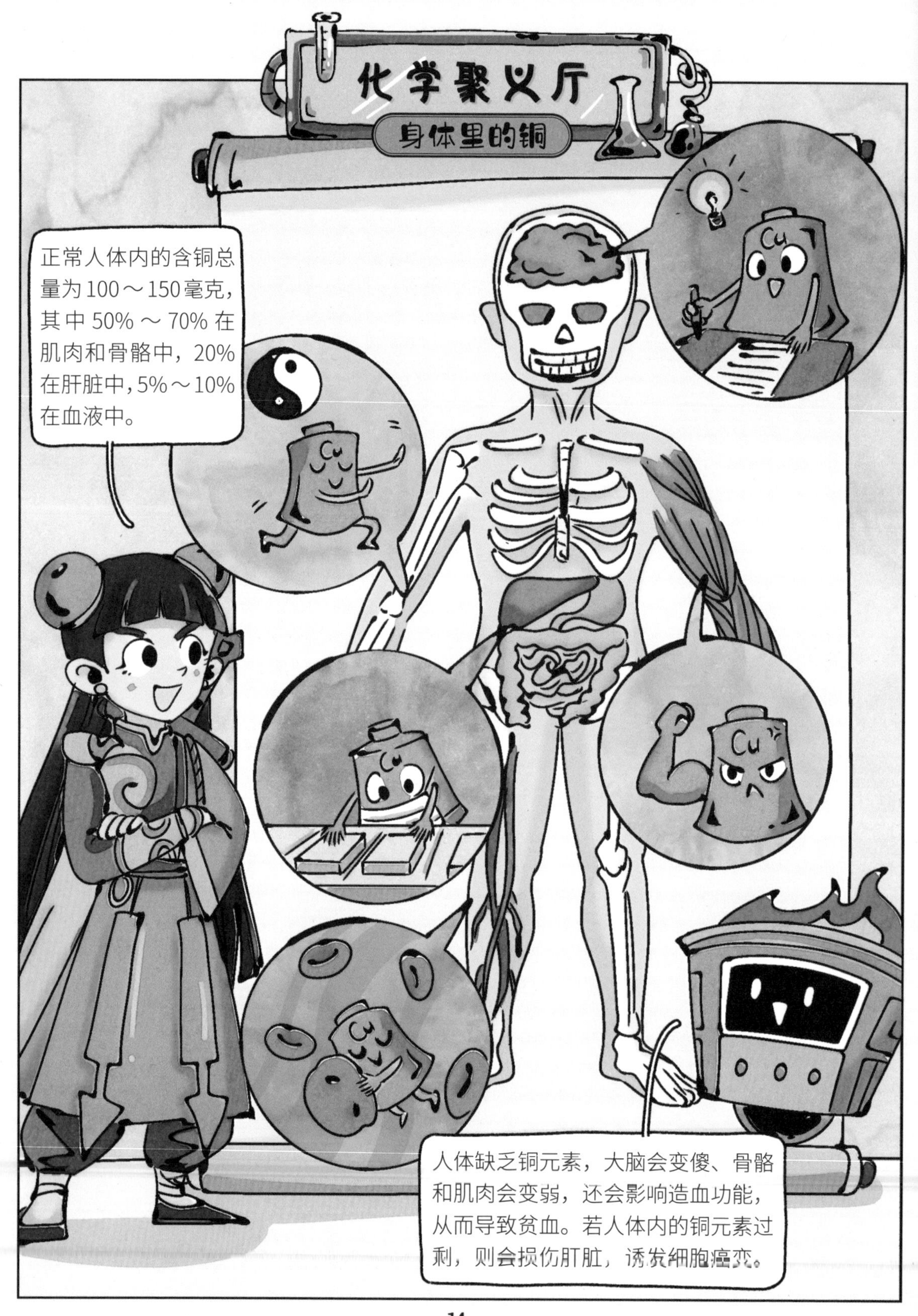
化学聚义厅
身体里的铜
正常人体内的含铜总量为100～150毫克，其中50%～70%在肌肉和骨骼中，20%在肝脏中，5%～10%在血液中。
Cu
人体缺乏铜元素，大脑会变傻、骨骼和肌肉会变弱，还会影响造血功能，从而导致贫血。若人体内的铜元素过剩，则会损伤肝脏，诱发细胞癌变。

化学聚义厅
铜的导电性
别玩儿手机了，快来陪我搭积木！

你们知道吗？每部手机里都有10～20克铜，因为金属铜具有良好的导电性。来到现代后，这一特点终于能够大展身手！

用来给手机充电的数据线也是铜线，只是外面包裹着一层绝缘皮。
Cu

所以你的意思是……

如果你们不陪我玩，我就拐走所有铜元素，毁掉你们的手机！
Cu

看！这是我缴获的红铜枪！战争！我要发动战争！
……你怎么满脑子就知道打仗。

怎……怎么会这样？
纯铜的质地相对柔软，并不适合用于制作武器。

多亏了你们，我们才能摆脱贫穷，奔向富裕！大家自发组织起来，想为你们表演节目。
大可不必……
村长，村长，我的铜枪坏了！

这是要拿去卖掉的工艺品，谁让你把它拿走的？
呃……

话说回来，自从你们来做客后，整个村子里人们的运气都变好了。今天还有人在后山发现了银子！
银子？

听说是在山里发现的。前段时间山上着火，被火烧过的地方出现了好多银子。
山火？不如你带我们一起去看看。

这真的很像银子。
不，这不是银，而是金属锡。
咦，附近好像有锡元素碎片。
二氧化锡

之前这里发生山火，把树木烧成了木炭。一部分木炭在高温环境下和锡矿石发生反应了。这里的锡矿石主要成分是二氧化锡。
氧原子
锡原子
怎么是你！
碳原子
氧原子，你们怎么跟他走了呀。

木炭具有还原性，能够把二氧化锡还原为金属锡，碳元素则被氧元素氧化，生成二氧化碳飘走了。
快过来！
相比于我，氧元素更喜欢和碳元素待在一起。
锡：化学符号为Sn，原子序数为50。

被还原出来的金属锡只是很像白银，但不是真正的白银。
锡元素碎片

既然这破烂没什么用，不如快回去帮我修修铜枪啊！
谁告诉你它没用了？
不要胡闹！

别走呀，你难道不想认识一下我吗？
那你说来听听。

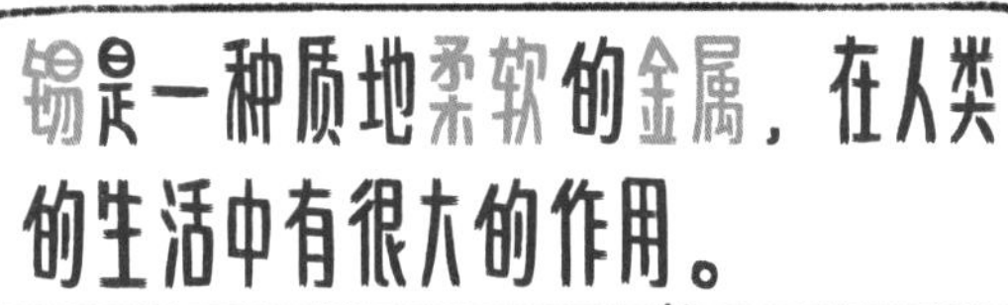

锡有良好的延展性，因此适合用来打造各种器具。

但也要注意锡器的保存温度！

当温度降低到 13.2 摄氏度以下，锡会慢慢变为粉末状。

-4℃

Sn

200℃

温度超过 161 摄氏度，锡会变成一碰就碎的“脆锡”。

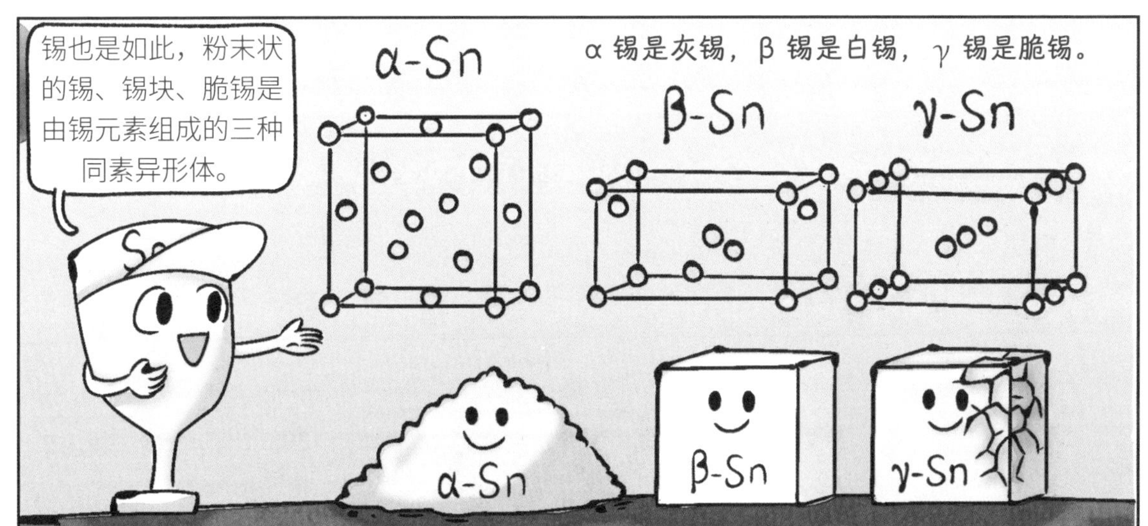

因此，锡器周围的温度不能过低或过高，否则就会损坏。

不行！如果冬天打仗，锡制武器岂不是一碰就碎了？
……
合金就是把不同的金属，或者把金属和其他物质的液体混合在一起后形成的具有金属特性的物质。

纯金属质地柔软，不适合铸造武器。最合适的材料其实是合金。
SnO2

把铜和锡分别加热使它们成为液体，再混合均匀，待温度下降后，它们就会凝固为铜锡合金。
考工记
金有六齐
六分其金而锡居一，谓之钟鼎之齐。用六份铜，一份锡，能够调配成适合铸造钟鼎的合金。

锡含量越高的铜锡合金，其硬度越高，铸造出的武器越锋利，你发现了吗？

你们这里有铜矿，现在又发现了锡矿，不如大力发展铜锡合金产业。
原来还有这样的道理！
耶耶耶！这样就可以造出更强大的武器啦！
嗯，我得好好教育教育她。
这孩子也太好战了，这可不行。

江湖往事之三星堆秘史
三星堆遗址位于中国四川省，建造于公元前2800年至公元前1100年。4000多年前，人们在这里建立了古蜀国。考古学家们在这里发现了大量精美的青铜器，说明古蜀国人在青铜铸造上达到了超高水平。
李白在《蜀道难》里写道“蚕丛及鱼凫，开国何茫然”，其中“蚕丛”和“鱼凫”就是指古蜀国的两位国王。

化学聚义厅
铸鼎大揭秘
后母戊鼎是考古学家们发现的最大的青铜器，是商代后期用来祭祀的礼器。
像这样大的青铜器要怎样铸造呢？
832千克

铸造青铜器和做雪糕的原理是一样的。做雪糕是等雪糕糊在低温下凝固，铸造青铜器则是把金属铜和金属锡加热为液体，混合在一起，再倒到模具里，冷却至常温。

这怎么能一样？雪糕是实心的，鼎可是空心的啊！

问得好！

这个巨大的泥块叫“内范”，是鼎模具的一部分。

泥做的大鼎外壳叫“外范”。

熔化的合金可能有 1 吨重，因此需要先把土填实，从而防止外范被冲歪。

把熔化的铜锡合金注入内范和外范之间，等液体冷却后，就能得到一口青铜大鼎了！
给我也吃一口！

那是什么?
咻!
天外来客
轰!!!

天降扫把星，这是不祥之兆啊！

你冷静一点！这不是扫把星，是宇宙中的石头落到了地球上，被称为“陨石”，不会带来灾祸的。那上面有我要找的东西，我得去看看。
我也想去！

呜呜呜哇哇哇！我们不能走着去吗?

好大一颗扫把星！
都说了是陨石。这块陨石的主要成分是铁镍合金，所以也叫陨铁。在陨铁中，铁元素和镍元素的质量比大约是 9 ： 1。
铁元素碎片
Fe
咦，这里面竟然包裹着铁元素碎片！

铁元素的单质是金属铁，是一种银白色金属，具有延展性和导电性，但导电性没有铜好。
镍元素是铁元素的好朋友，它们经常一起出现。
Fe
铁原子
Ni
镍原子
地球的最内部是地核，主要由铁、镍两种元素组成，它们的质量比大约是 8.5 ： 1。
Fe
Ni
▶ 铁：化学符号为 Fe，原子序数为 26。
▶ 镍：化学符号为 Ni，原子序数为 28。

除了与镍元素形成合金外，铁元素还能和不同元素形成多种化合物。例如我们脚下这座磁铁矿，它的主要成分是四氧化三铁。
Fe
Fe
Fe
Fe
Fe_3O_4
四氧化三铁

赤铁矿的主要成分是氧化铁，氧化铁的化学式为 Fe_2O_3；菱铁矿的主要成分是碳酸亚铁，碳酸亚铁的化学式为 $FeCO_3$；黄铁矿的主要成分是硫化亚铁，硫化亚铁的化学式为 FeS_2*。
Fe_2O_3 氧化铁
$FeCO_3$ 碳酸亚铁
矿石的主要成分与它形成的环境、时期等因素有关，因此种类不同。这就像你闲来无事想找朋友出来玩，但每次找的朋友也不一样。
FeS_2 硫化亚铁
自然界里没有单质铁，地球上所有单质铁都来自陨石。
这么神奇吗？

*S 是硫元素的化学符号。

人们只知道陨石是“天外来客”，但可不是所有天外的石头都有机会落到地球上。
地球上的大部分陨石来自火星和木星之间的小行星带。

硫化铁
硫化亚铁
铁元素要比铜元素活泼，更容易和氧元素、硫元素结合，生成氧化铁、氧化亚铁、硫化铁、硫化亚铁等化合物。
加油！
Fe
S
Cu
01
氧化铁

我的朋友都哪儿去了？
如果小行星上没有容易与铁元素结合的元素，铁陨石一旦掉落，也只会孤独地掉落，因此，人们能在陨石里找到单质铁。
Fe
呜哇！
呃呃呃啊啊啊！
没错，在商朝时期，工匠们已经开始利用陨铁铸造兵刃了。

我要挖掘这座铁矿，
还要把陨石背回去！
让村民更富有！

想得美，我可不会像铜
元素那样轻易放手！
Fe
Fe3O4

在 1200 摄氏度的环境中，
四氧化三铁可以被碳还原。
我们走啦！
终究还是放
开了手啊……
不要走！

但由于温度不够，此时
的铁不能被熔化成液体。
Fe
金属铁
呃……可是我
还没有熔化。

为什么会这样？
纯铜的熔点是 1083 摄氏度，
铁的熔点是 1538 摄氏度。你
所处的时代由于技术限制，没
有任何炼炉的温度能达到铁的
熔点。因此你只能获得铁块，
而无法锻造它。

江湖往事 之 铁匠铺

铁矿石被还原为金属铁后，还需要经历加热和锤打才能成为制造铁器的原料。锤打铁块的目的有两个：一是把相对疏松的金属铁通过锤打的方式变得更加密实；二是要通过锤打的刺激让铁块中碳、硫等元素与空气中的氧气结合，控制铁块里的含碳量，并去掉杂质。将铁块加热锤打后，铁匠会把它迅速放进水里，这个步骤叫“淬火”。淬火是为了让铁块急速冷却。铁块在处理前通常为片层状的珠光体结构，冷却后则变成更加坚硬的马氏体结构。

化学聚义厅
人体中的铁
武器精灵说要给我做一顿大餐，会是什么呢？
爆炒猪肝

这就是你说的大餐吗？
最近空气潮湿，你身上的铁和氧气、水反应，生成了铁锈，因此你现在处于缺铁状态。
猪肝里富含铁元素，人类如果缺铁，应该多吃猪肝、牛肉等食物来补铁。快吃吧，多补补。
……真是令人感动。

金属铁具有铁磁性，能够被磁铁吸引。这块陨石被磁铁矿吸住，很难开采，否则真想用它来打造一把宝剑。
你还说我！原来你也想锻造武器，发动战争。

止戈为武
你理解错了，武器的作用是让你保卫家园，而不是四处征战。

原先你满脑子打仗，是因为家乡贫穷，想要出去掠夺资源。但现在你们村里发现了金属矿，有了生财之道，为什么还要沉迷打仗呢？
嗯……

你是否想过，被你掠夺的人也会陷入贫穷？你已经知道贫穷的滋味了，怎么忍心再把它强加给别人呢？
我有些懂了，之前是我错了。

好啦，我们要走了，还有重要的任务等着我们去完成呢。
虽然很舍不得，但是……再见啦！

▶钛：化学符号为Ti，原子序数为22。

和我们一起修复化学江湖吧！

铜元素

1. 铜草的根、茎、叶、花中富集铜元素，因此可以用来寻找铜矿，或者清理铜污染。

2. 金属铜质地柔软，有光泽，延展性好，导电性强。

3. 纯铜的熔点是1083摄氏度，铁的熔点是1538摄氏度，铁的冶炼对温度的要求更高，因此历史上青铜时代先于铁器时代。

4. 古代人利用孔雀石炼铜。孔雀石先在高温下分解为氧化铜、水和二氧化碳，氧化铜再与木炭反应，生成金属铜和二氧化碳。

锡元素

1. 我们所说的“青铜”大多指铜锡合金。

2. 锡有三种同素异形体，分别是灰锡、白锡和脆锡，三种物质的原子排列方式不同，因此具有不同的物理性质。

3. 古代人利用主要成分为二氧化锡的矿石炼锡，二氧化锡在高温下和木炭反应，生成金属锡和二氧化碳。

4. 铜锡合金里锡的含量越高，质地越硬。

铁元素

1. 铁是一种银白色的金属，具有延展性和导电性，但导电性弱于铜。

2. 地球上没有自然生成的单质铁，只有落到地球上的铁陨石里含有单质铁。

3. 铁元素易与氧元素、硫元素等形成多种化合物，包括氧化铁、氧化亚铁、四氧化三铁、硫化铁、硫化亚铁等。

4. 铁器由于重量更轻、韧性更好、原材料更易获得而渐渐取代了铜器。

米莱童书

米莱童书是由国内多位资深童书编辑、插画家组成的原创童书研发平台。旗下作品曾获得 2019 年度“中国好书”，2019、2020 年度“桂冠童书”等荣誉；创作内容多次入选“原动力”中国原创动漫出版扶持计划。作为中国新闻出版业科技与标准重点实验室（跨领域综合方向）授牌的中国青少年科普内容研发与推广基地，米莱童书一贯致力于对传统童书进行内容与形式的升级迭代，开发一流原创童书作品，适应当代中国家庭更高的阅读与学习需求。

致 谢： 感谢任继愈、赵匡华等老师编著的《中国古代化学》（商务印书馆），为我们展现了一个清晰、科学的古代学术世界。

策 划 人： 刘润东　魏诺

原创编辑： 王曼卿　张婉月　王佩

漫画绘制： Studio Yufo

专业审稿： 华北电力大学环境学院应用化学专业副教授
有机化学课程教学改革项目负责人　张岳玲

装帧设计： 辛洋　马司文　张立佳　刘雅宁

米莱童书 著/绘

•腐蚀性物质里的元素•

北京理工大学出版社
BEIJING INSTITUTE OF TECHNOLOGY PRESS

图书在版编目（CIP）数据

化学江湖：给孩子的化学通关秘籍：共8册/米莱童书著、绘. -- 北京：北京理工大学出版社，2023.4（2024.3重印）
ISBN 978-7-5763-2197-5

Ⅰ.①化… Ⅱ.①米… Ⅲ.①化学－少儿读物 Ⅳ.①O6-49

中国国家版本馆CIP数据核字(2023)第046855号

出版发行 / 北京理工大学出版社有限责任公司
社　　址 / 北京市丰台区四合庄路6号
邮　　编 / 100070
电　　话 /（010）82563891（童书出版中心）
经　　销 / 全国各地新华书店
印　　刷 / 北京地大彩印有限公司
开　　本 / 710毫米 × 1000毫米　1/16
印　　张 / 20
字　　数 / 500千字
版　　次 / 2023年4月第1版　2024年3月第7次印刷
定　　价 / 200.00元（共8册）

责任编辑 / 封　雪
文案编辑 / 封　雪
责任校对 / 刘亚男
责任印制 / 王美丽

致少年读者朋友:

当我在同你们一样对世界充满好奇的年纪时，听到“化学”两个字，脑海中浮现出的画面是：昏暗的实验室中，各种奇形怪状的玻璃瓶陈列在操作台上，戴着防护眼镜的实验人员把不同反应物混合在一起、观察到液体反应物的颜色变化或者是在里面“咕嘟咕嘟”地冒出气体……

后来我才知道，化学其实并不像我们想象的那么“高深莫测”，它始终陪伴在我们身边——打开一瓶汽水，里面的“气”跑出来了，这是化学；点燃一根烟花棒，美丽的烟花在夜色中盛开，这也是化学。其实，我们吃的、喝的是化学物质，穿的、拿的是化学产品，所见、所闻、所感大多是化学现象……简言之，化学无处不在，它“平易近人”，是带领我们认识世界的最初的导师。

《化学江湖》很好地诠释了这一点。

整套书用童真的对话引出深刻的道理，通过奇幻的故事、丰富的画面，将知识从书本上“唤醒”，带你到化学世界进行一次奇妙的探险。国风元素的融入更是别出心裁，使得古色古香之中，一股侠义之风泠然而上，中国独有的文化气息随之扑面而来。

翻开《化学江湖》，你会发现，原来早在古代，我国的陶瓷制作、金属冶炼和炼丹术等就已经与化学“交情匪浅”了。

譬如，武器精灵会告诉你，古人如何从矿石中冶炼出铜、铁等金属，从而锻造出兵器；腐蚀精灵会告诉你，酸雨因何而“酸”，又与我国“四大发明”之中的火药有着怎样的关联；宝石精灵会告诉你，被称为“东方绿宝石”的翡翠因何翠色欲滴，究竟是哪一种元素赋予它美丽的色彩……

什么叫做原子？什么叫做分子？

氧气从哪里来？水又是如何形成的？

“鬼火”到底是什么火？“银针试毒”到底是什么原理？

带着这些问题，我正式邀请你加入这段新征程。翻开《化学江湖》吧，它将成为你踏上科学高山的第一级台阶！

李永舫

中国科学院化学研究所研究员（中科院院士）

传说，宇宙中漂浮着一颗神秘的星球，叫作化学江湖。这里原本是一个平静、和谐的世外桃源，但是由于一次意外的大爆炸，被炸得七零八落……
维持化学江湖运转的宝物——元素碎片被爆炸的冲击波推到了地球上。住在化学江湖上的元素精灵们心急如焚，准备到地球上寻找元素碎片，重建化学江湖……

腐蚀精灵掌管化学江湖上的酸性物质。为了安全，他总是戴着一副厚厚的橡胶手套和呼吸防护面罩，防止自己被酸性物质腐蚀。腐蚀精灵背后的大葫芦是他的宝物，可以收集散落在宇宙中的酸性物质，从而保护环境。腐蚀精灵负责搜索氯、硫、磷等元素碎片。

目录

这里人这么多，不知氯元素碎片藏在哪里……
别急，别急，大不了挨家挨户问呗！

咦，这是……

咳咳咳！哪里来的味道？这么呛！

不好！哪里来的有毒气体？
咳
咳
咳咳
咳

咳
咳
必须赶快找到毒气的来源，
不然大家都会有危险！
咳
咳
咳

药铺
难道……

在这里，是一家药铺！
咳咳咳咳咳！
呛死我了！
好像离氯元素
碎片越来越近了！
看我的！
呼……呼……
舒服多了。

刚刚出什么事了?

昨晚下了一场大雨，很多药材被淋湿了……

……我想把淋湿的药材放到火上烘干一下，没想到熏出那么多呛人的烟来。
原来你在烘干硇（náo）砂！
我的天哪！
氯元素碎片
这东西怎么能放在火上烤啊?
啊？这不就是普通的硇砂吗?
可是，如果把硇砂放在火上烘烤，它就会分解出有害的毒气。
Cl
啊？有这么可怕吗?

▶氯：化学符号为 Cl，原子序数为 17。
砌砂是一种中药，具有祛痰、利尿的作用，它的主要成分叫作氯化铵。
氯原子
Cl
H
N
氯化铵分子由 1 个氮原子、4 个氢原子和 1 个氯原子组成。氯化铵是一种非常容易受热分解的物质。
如果把氯化铵放在火上烘烤，其中的原子就会因为太热而“分头行动”，分解成两种气体。
其中一种气体叫作“氨气”。人如果短期内如果吸入大量氨气，会流泪、咽喉痛、声音嘶哑。
不过，另一种气体比氨气更可怕，那就是——氯化氢！
氯化氢分子由 1 个氢原子和 1 个氯原子构成。氯化氢是一种具有腐蚀性的化合物。

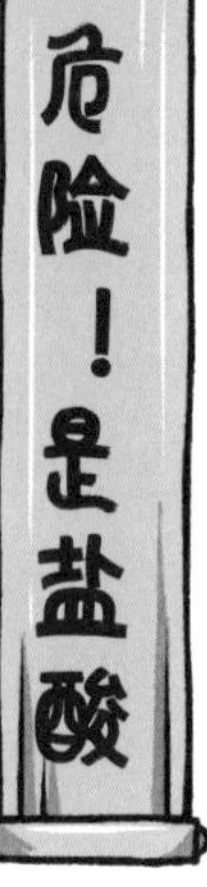

人体内含有大量水分，而氯化氢气体进入人体后会快速和水分结合，变成氯化氢的水溶液——盐酸。

所以，不能把什么东西都放在火上烤哦。
嗯，我知道了。
找到了！氯元素碎片被埋在硇砂里了！
Cl
咦，这是什么东西？怎么混在硇砂里了？
Cl
这是氯元素碎片。氯是一种非常活泼的元素，氯化铵和氯化氢都是它形成的化合物。
但是，氯元素本身也能够形成非常厉害的毒气。比如，两个氯原子结合在一起就会形成致命的氯气分子。
Cl
Cl
看清楚，这是我的名片！
Cl
Cl
生人勿近！

氯气在接触到细胞液中的水分子后，会强行“拆散”水分子，生成盐酸和次氯酸。

所以，氯气进入人体以后也会变成盐酸，对人体造成很大的伤害。

江湖往事 之 毒气弹的威力

《天工开物》是明代科学家宋应星撰写的一部百科全书式工艺著作，涵盖了农业、手工业、兵器、火药等诸多生产技术，其中介绍的一种明代发明的“毒气弹”，又被称为“毒火”。该书中记载，“毒火”以砒霜与硇砂为原料。当毒气弹爆炸时，产生的高温会把硇砂中的氯化铵分解为氨气和氯化氢气体，这两种刺激性气体会使人在短时间内产生身体不适，从而降低战斗力。另外，突然膨胀的气体也可以增加杀伤力，扩大毒气的作用范围。

化学聚义厅
肚子里的盐酸

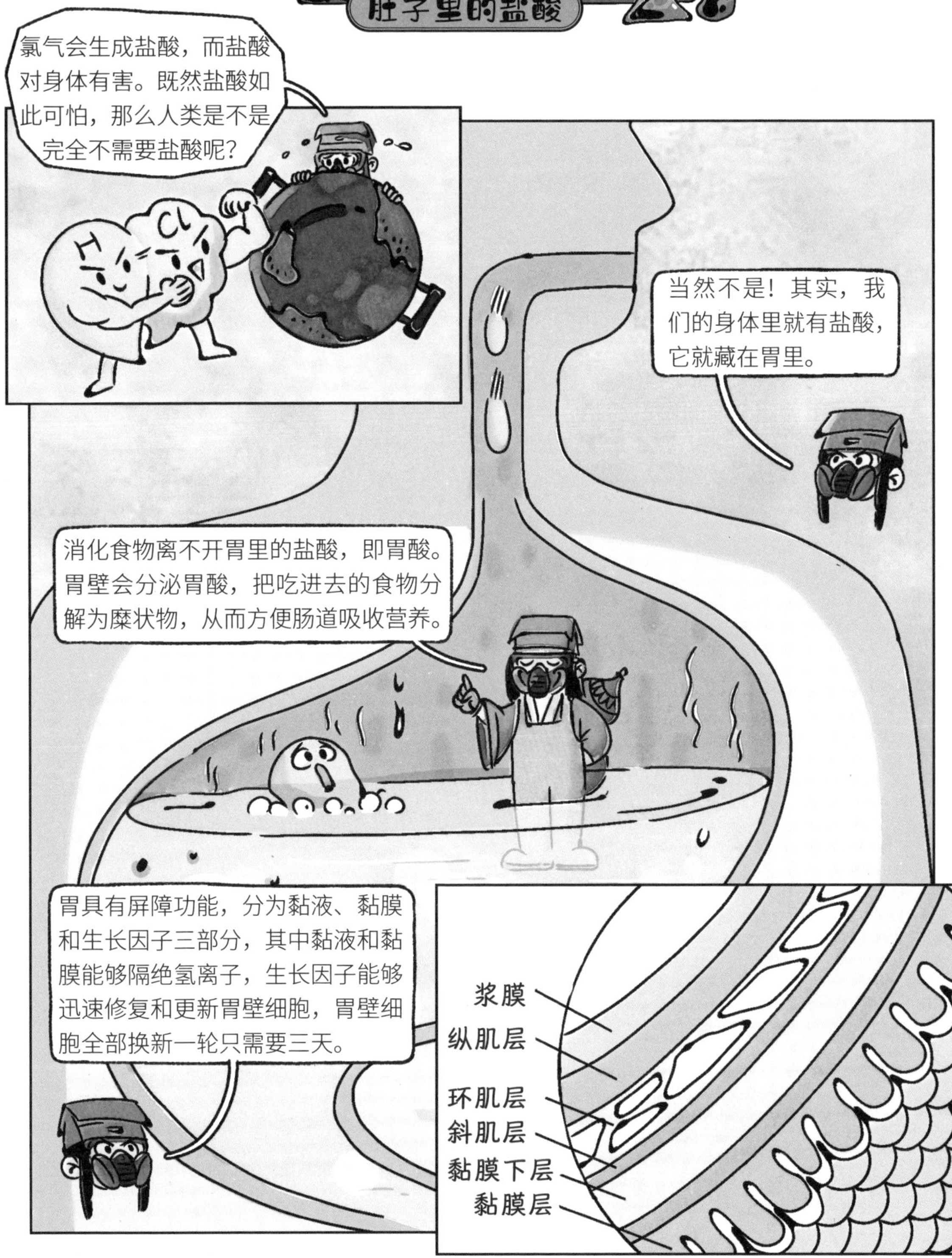
氯气会生成盐酸，而盐酸对身体有害。既然盐酸如此可怕，那么人类是不是完全不需要盐酸呢？
Cl
当然不是！其实，我们的身体里就有盐酸，它就藏在胃里。
消化食物离不开胃里的盐酸，即胃酸。胃壁会分泌胃酸，把吃进去的食物分解为糜状物，从而方便肠道吸收营养。
胃具有屏障功能，分为黏液、黏膜和生长因子三部分，其中黏液和黏膜能够隔绝氢离子，生长因子能够迅速修复和更新胃壁细胞，胃壁细胞全部换新一轮只需要三天。
浆膜
纵肌层
环肌层
斜肌层
黏膜下层
黏膜层

化学聚义厅

生活中的氯元素

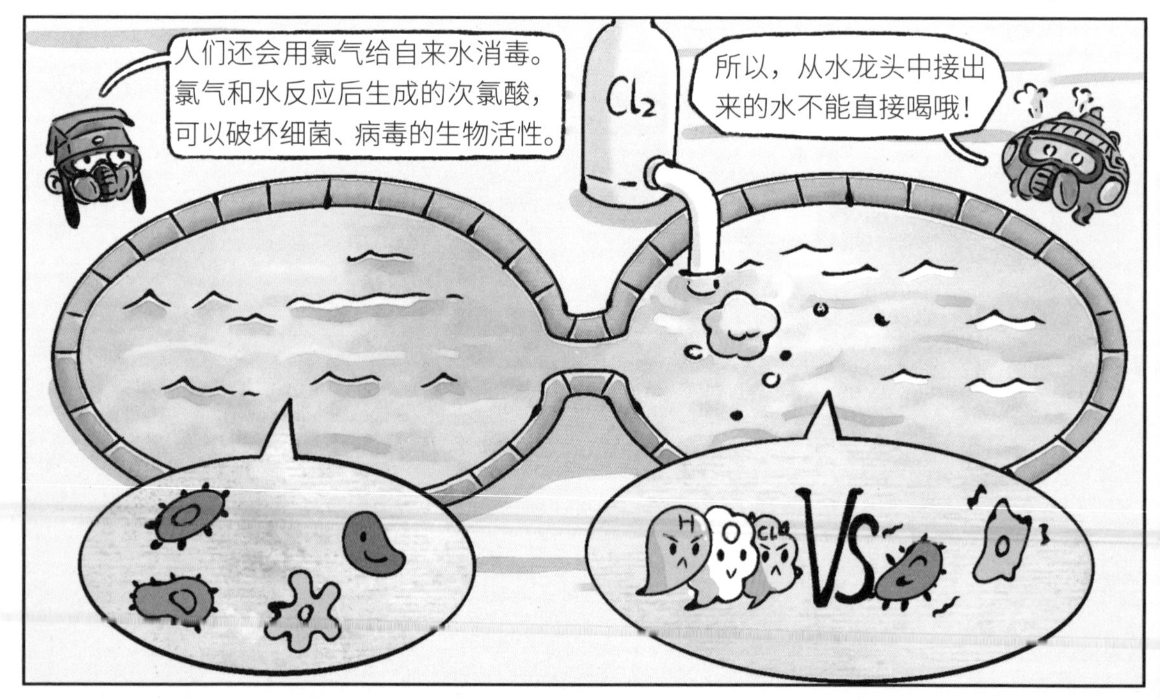

没想到这么轻松就把氯元素碎片找回来了，我们真是厉害！
其他元素碎片还没有找到，不能掉以轻心。
那边着火了！
硫元素碎片
而且……硫元素碎片好像也在那个方向！

走，去看看。
救命啊！
你看，那里有个孩子！
找到了，是硫元素碎片！
跟我走，带你逃出去。
收！
哇！

▶硫：化学符号为 S，原子序数为 16。

硫是一种比较活泼的元素，能够和很多元素发生反应，也能形成多种化合物。
交个朋友吧！
二氧化硫可以和雨水发生反应形成亚硫酸。
硫元素会和空气中的氧元素发生氧化反应，产生二氧化硫气体。
亚硫酸分子由2个氢原子、1个硫原子、3个氧原子构成。亚硫酸具有弱腐蚀性，我们常说的“酸雨”的主要成分就是亚硫酸。
当硫元素燃烧起来时，会发出淡蓝色的火焰和刺鼻的气味。
通缉
酸雨会腐蚀建筑和土地，还会影响动植物的健康。所以，二氧化硫是一种大气污染物。
啊……原来这么严重呢。

本来，硫元素都藏在地壳深处。可是，当火山喷发的时候，它们就会随着火山岩浆来到地表。所以，在刚刚喷发后不久的火山口附近，就可以找到纯度较高的、黄色的硫。
这么可怕的东西，为什么会在这儿出现？
因为这是一座火山。
火山喷发也是一种会造成空气污染的自然灾害。
虽然硫元素会造成污染，但它依然是大自然赠送给人们的礼物。
我其实很有用的！
不，我不要，我不要。
听我说完嘛。很久很久以前，一些道士希望炼出“长生不老药”，所以把四处搜寻而来的矿石放到一起加热，然后……
炼丹家
接下来就是见证奇迹的时刻！
……就爆炸了。
没有奇迹。

江湖往事之火药的威力

火药是中国四大发明之一，对世界文化产生过巨大的影响。最初，火药在炼丹家的丹炉中因为发生燃烧、爆炸才被发现，因此，古人对火药最初的应用就是制造烟花爆竹。

据记载，古代劳动人民从唐代就开始生产爆竹；到了宋代时就已经有了鞭炮（百子炮），如《武林旧事·岁除》中就记录了“至于爆竹……内藏药线，一爇（ruò）连百余不绝”。

宋孝宗时有一种有趣的爆竹，叫作“地老鼠”，被点燃后，会在地上喷火乱窜。

为了顺应宋代的国防需求，很快，火药就被运用在了军事领域中，如著名诗人王安石就曾参与过火器的改革发展。到了明代，生产力提高，还发明出了火炮、水雷等火药武器。

▶ 氮：化学符号为 N，原子序数为 7。

每个氨基酸中，都含有碳、氢、氧、氮四种元素。
R基团
氨基由一个氮原子和两个氢原子构成。
羧基由1个碳原子、1个氢原子和2个氧原子构成。
氨基和羧基是氨基酸中不可缺少的重要组成部分。
怎么样，服了吧？蛋白质里不能没有我。
这个分子团就叫作“蛋白质”，是生命的能量来源。
有一种含有硫元素的氨基酸，叫作“甲硫氨酸”。
你胡说！蛋白质也离不开我！
蛋白质由肽链构成，而肽链由氨基酸构成，甲硫氨酸有一个重要的作用，就是给组成肽链的所有氨基酸“引路”。
氨基酸
等氨基酸组成了肽链以后，我就会离开大家，“功成身退”啦！
没有甲硫氨酸，就没有蛋白质的形成哦！

方糖是由蔗糖分子构成的，每一个蔗糖分子中有 12 个碳原子、22 个氢原子和 11 个氧原子，氢、氧元素的比例正好是 2 ：1。

浓硫酸会夺走蔗糖分子中的氢、氧元素。

接触过浓硫酸的方糖会变黑，因为方糖中的氢、氧元素被抢走了，只剩下黑色的碳元素。

浓硫酸和蔗糖反应时会散发出很高的热量，因此，被抢夺出来的水会变成水蒸气扩散到空气中，使碳变得疏松多孔。

把潮湿的气体通过装有浓硫酸的管道，浓硫酸会吸走气体中的水分，从而得到干燥的气体。

氮元素形成的酸，叫作“硝酸”。
硝酸由 1 个氢原子、1 个氮原子和 3 个氧原子构成。和硫酸一样，硝酸也是一种腐蚀性非常强的酸。

当铁、铝等金属和加热中的浓硝酸放置在一起时，金属会被浓硝酸严重腐蚀。
Al
可是，当金属和常温下的浓硝酸放置在一起时，浓硝酸就会在金属表面形成一层氧化膜，从而阻止它们继续反应。
Al
在强酸的影响下，金属表面变为不活泼态的过程就叫作金属的钝化。

闪闪磷光
怎么样？找到了吗？
呼哧、呼哧……夜明珠的亮光太弱了，什么也看不到。
好热啊。为什么偏偏磷元素碎片落在墓地附近……又偏僻又恐怖。
墓地附近的磷元素多一点，自然就把磷元素碎片吸引过来啦。
哐!!
磷元素碎片
P
找到了找到了！
好了，三个元素碎片都集齐了，我们赶快回家吧！
哎哟！

打鬼！打鬼！
别打了！别打了！你看清楚！我们不是鬼啊！

我不看！
啊……是把夜明珠当成鬼火了吗？那我还是把火把点起来吧。

咦……真的不是鬼。
天这么晚了，你怎么一个人在墓地？

我迷路了，一不小心走到这附近，进来以后才发现是个墓地，周围还飘着好多“鬼火”，太吓人了！

你这是迷信！世界上是没有鬼的！
没错。墓地周围飘着的“鬼火”，实际上只是磷火而已。
磷火？那是什么东西？

仔细一看确实没那么可怕了，还挺好看的呢。

没错。而且磷元素本身就来自一个五彩缤纷的大家庭。

江湖往事之代表死亡的火焰

有很多古书中都记载过磷火现象。汉代《论衡·论死篇》中就提到了“人之兵死也，世言其血为燐，人夜行见燐，若火光之状。”当时，古人认为是磷是从人血中来的。晋代张华的《博物志》中也指出：“战斗死亡之处有人马血，积年化为粦，粦着地入草木如霜露不可见。有触者，着人体便有光。拂拭即散无数。”虽然唯心主义者给磷火加上各种可怕的解释，但聪明的人们早就已经了解了真相。

注：古代没有“磷”字，因此古汉语中的“粦”“燐”指的就是磷元素。

藏在夜明珠里的危险气体

那么，这颗夜明珠既不热也不烫，你是怎么把磷火变成夜明珠的呢？
哈哈，这颗夜明珠可不是由磷元素组成的。它的学名叫“萤石”，是自然界中一种会发光的矿石。

萤石又叫“氟石”，它的主要成分是氟化钙，是自然界中一种常见的矿物。萤石在被加热、受到摩擦或者被紫外线照射时就会发出微弱的光芒。
你好!!

给我看看好不好？
给。
啪!!
不好，硫酸洒出来了！
哎呀，对不起，对不起！

咦，我听说硫酸能腐蚀很多坚硬的东西，夜明珠为什么不怕硫酸呢？

硫酸腐蚀夜明珠，需要一个特殊的条件。

氟原子
S
F
Ca
H
在加热的情况下，硫酸就会和氟化钙反应，生成硫酸钙沉淀和氢氟酸气体。
▶ 氟：化学符号为 F，原子序数为 9。
氢氟酸又叫“化骨水”，是一种非常可怕的酸，甚至比硫酸还要可怕。
收!!!
注：化学反应倾向于生成沉淀和气体。

江湖往事 ② 能够腐蚀玻璃的氟化氢

在化学实验室中，盐酸、硫酸都是放在玻璃瓶中保存的。那么，有没有能够腐蚀玻璃的酸呢？

1670年，德国的一名玻璃工人偶然发现将萤石与硫酸混在一起，发生化学反应，产生了一种具有刺激性气味的烟雾。1771年，瑞典化学家卡尔·威廉·舍勒将萤石和硫酸作用制成了由氢元素和一个不知名元素化合而成的酸，而且这种酸能蚀刻玻璃。直到1886年，法国化学家亨利·莫瓦桑才首次从萤石中分离出气态的氟元素。

由于氟化氢能够腐蚀玻璃，实验室中的氟化氢都只能放在塑料容器中保存。

化学聚义厅
酸的前世今生

盐酸、硫酸、氢氟酸……咱们讲了这么多种酸，你知不知道酸究竟是什么东西呢？
您给大伙儿讲一讲！
相声
这个嘛……说来话长了。
酸

醋的主要成分叫作“醋酸”（CH_3COOH）。
没听说过。
一提到酸，很多人都会想起家里的醋。可是大家有没有想过，醋为什么会有酸味呢？
醋酸溶于水后，会被水电离成两部分，一部分是氢离子，另一部分叫“醋酸根”。
氢离子是阳离子，带正电荷；醋酸根是阴离子，带负电荷。
您等会儿吧，说了这么半天，酸味到底从哪儿来的呀？
原子、分子在水溶液中产生自由离子的过程被称为电离。
醋酸是弱酸，只有一部分醋酸可以被电离出来。

酸味就来自被电离出来的氢离子。
哪里有酸，哪里就有我！
哦，我明白了！
根据电离程度的不同，可以把酸分为强酸和弱酸。
当醋酸分子进入水中以后，只有一部分被电离成氢离子和醋酸根，所以醋酸是弱酸。
当硫酸分子进入水中以后，能够被完全电离成氢离子和硫酸根，所以硫酸是强酸。
强酸，完全电离
弱酸，不完全电离
酸具有腐蚀性。
简单地说，腐蚀性会让原本坚硬的东西变得脆弱，会让原本完好无损的东西变得破败不堪。

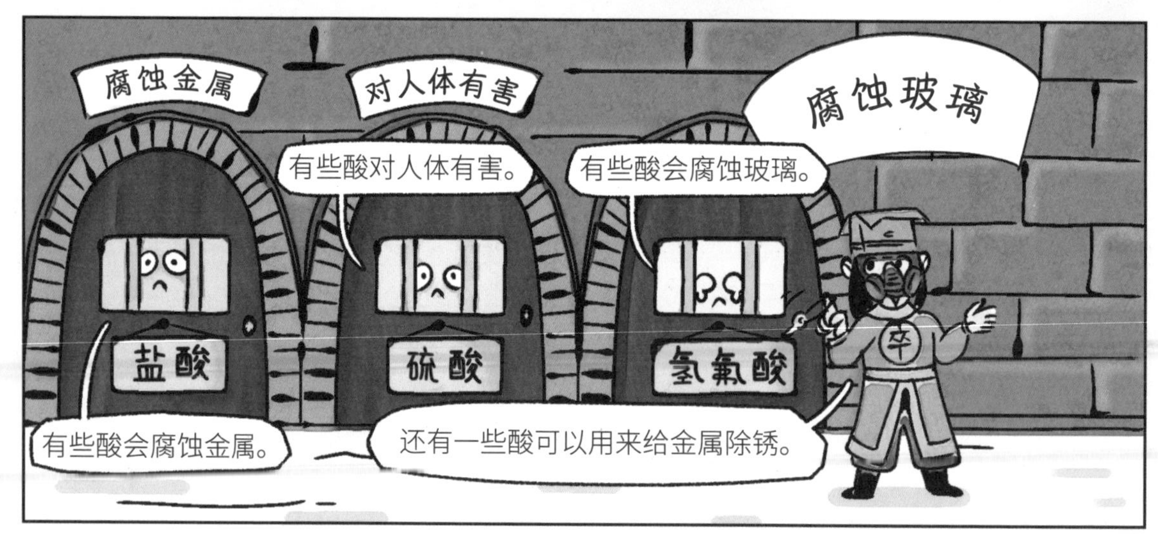
腐蚀金属
对人体有害
腐蚀玻璃
有些酸对人体有害。
有些酸会腐蚀玻璃。
盐酸
硫酸
氢氟酸
有些酸会腐蚀金属。
还有一些酸可以用来给金属除锈。

不过，生活中我们也会接触到一些弱酸。
柠檬酸
许多水果、蔬菜里含有柠檬酸，适量的柠檬酸可以促进人体的新陈代谢。
苹果酸
咖啡酸
顾名思义，苹果酸主要存在于苹果、杏、樱桃等水果中，适量苹果酸可以增强人体免疫力。
咖啡酸可以使人兴奋，所以小朋友们不能多喝。
草酸
西兰花、卷心菜里含有草酸。不过草酸会与人体中的钙结合为固体的草酸钙，形成肾结石，因此不能过量摄入。
哦对了，醋酸也是比较安全的酸。
没错！适量的醋酸还可以增强食欲呢！
醋
去你的吧！
但是也不能吃太多醋哦！

化学聚义厅
卤族元素的其他成员

▶ 溴：化学符号为 Br，原子序数为 35。
▶ 碘：化学符号为 I，原子序数为 53。
氯元素和氟元素都来自同一个家族——卤族元素。
砹原子
鿬原子
碘原子
溴原子
Br
Cl
F
At
Ts
I

卤族元素来自元素周期表的倒数第二列，一共有六种元素。不过，只有前四种才是我们生活中比较常见的元素。
邀请名单：氟、氯、溴、碘
不邀请名单：砹、鿬
不邀请原因：
不常见
At
Ts
前四种常见卤族元素的单质外观变化拥有独特的规律。随着分子量的增大，卤族元素形成的单质的颜色越来越深。
氟元素单质是由两个氟原子组成的淡黄绿色气体。
氯元素单质是由两个氯原子组成的黄绿色气体。
溴元素单质是由两个溴原子构成的深红棕色液体。
碘元素单质是由两个碘原子组成的紫黑色固体。
没错！卤族元素的单质都是由两个相同原子组成的分了！

海洋中存在一种叫作“溴甲烷”的天然化合物，可以毒死鱼类。

各类食物中的碘含量

食物种类	碘含量(微克/100克)
海带(干)	36240
紫菜	4323
海带(鲜)	113.9
鸡蛋	27.2
牛肉	10.4
鸡肉	12.4

好了，鬼火都消失了，以后再经过这条路，大家就不会害怕了。
P
哇，你真厉害！
今天知道了好多稀奇的知识！我要去分享给我的好朋友！
化学知识非常有趣，相信你们一定会有更多有意思的发现。
咦，我还不知道，你们是从哪里来的？为什么要来这里呢？
Cl
S
好神奇！
我们来自化学江湖，是来寻找失落的元素碎片的！

Cl
S
氯元素碎片、硫元素碎片和磷元素碎片都找到了，这下我们也可以回家啦。
是啊。
很高兴认识你，我们有缘再见！
再见！一定要再来找我玩哦！

和我们一起修复化学江湖吧！

1. 卤族元素的单质都是由两个相同原子组成的分子。随着分子量的增大，卤族元素形成的单质的颜色越来越深。

2. 氟元素单质是由两个氟原子组成的淡黄绿色气体。

3. 氯元素单质是由两个氯原子组成的黄绿色气体。

4. 溴元素单质是由两个溴原子组成的深红棕色液体。溴离子广泛存在于海洋中，因此，溴元素也被称为“海洋元素”。

5. 碘元素单质是由两个碘原子组成的紫黑色固体。

6. 碘是人体中合成甲状腺激素的重要原料。如果缺碘，就会导致身体甲状腺激素不足，出现无力、精神不集中、易疲劳、工作效率下降等症状。

1. 氯是一种非常活泼的元素，两个氯原子结合在一起，就会形成氯气。在常温下，氯气是一种黄绿色、有刺激性气味、有毒的气体。

2. 氯化氢是一种具有腐蚀性的化合物，极易溶于水，它的水溶液叫作盐酸。

3. 人的胃液就由盐酸构成，胃里的盐酸可以用来消化食物。

1. 硫是一种黄色的固体，硫元素是一种比较活泼的元素，能够和很多元素发生反应，也能形成多种化合物。

2. 当硫元素燃烧起来时，会发出淡蓝色的火焰和刺鼻的气味。

3. 硫元素会和空气中的氧元素发生氧化反应，产生二氧化硫气体。

4. 亚硫酸具有弱腐蚀性，是“酸雨”的主要成分。

5. 古人发现火药的黄金配比是“一份硫黄、两份硝石、三份木炭”。这种火药由于在爆炸后会释放出浓浓的黑烟，从中国传入欧洲以后，被人们叫作“黑火药”。

1. 磷是一种对人体非常重要的元素，它和氢、氧、钙元素共同组成的羟基磷灰石，是人体骨骼中最重要的组成部分。

2. 人类死亡以后，骨骼中的磷就会形成磷化氢。磷化氢是一种有腥臭味的气体，即便是在常温下也会自己燃烧起来。所以，在盛夏的夜晚，墓地周围总会漂浮着一闪而过的火光，这是磷化氢自燃的现象。

3. 磷元素拥有很多不同颜色的同素异形体，白磷是比较常见的一种磷，易燃且有剧毒。将白磷隔绝空气加热，就可以把它变成红磷。红磷和白磷一样易燃，且毒性大大降低，被人们当作火柴头上的引燃物使用。

米莱童书

米莱童书是由国内多位资深童书编辑、插画家组成的原创童书研发平台。旗下作品曾获得 2019 年度“中国好书”，2019、2020 年度“桂冠童书”等荣誉；创作内容多次入选“原动力”中国原创动漫出版扶持计划。作为中国新闻出版业科技与标准重点实验室（跨领域综合方向）授牌的中国青少年科普内容研发与推广基地，米莱童书一贯致力于对传统童书进行内容与形式的升级迭代，开发一流原创童书作品，适应当代中国家庭更高的阅读与学习需求。

致 谢： 感谢任继愈、赵匡华等老师编著的《中国古代化学》（商务印书馆），为我们展现了一个清晰、科学的古代学术世界。

策 划 人： 刘润东　魏诺

原创编辑： 王曼卿　张婉月　王佩

漫画绘制： Studio Yufo

专业审稿： 华北电力大学环境学院应用化学专业副教授
有机化学课程教学改革项目负责人　张岳玲

装帧设计： 辛洋　马司文　张立佳　刘雅宁

米莱童书 著/绘

•身价高昂的金属元素•

北京理工大学出版社
BEIJING INSTITUTE OF TECHNOLOGY PRESS

图书在版编目（CIP）数据

化学江湖：给孩子的化学通关秘籍：共8册 / 米莱童书著、绘. -- 北京：北京理工大学出版社，2023.4（2024.3重印）

ISBN 978-7-5763-2197-5

Ⅰ. ①化… Ⅱ. ①米… Ⅲ. ①化学—少儿读物 Ⅳ. ① O6-49

中国国家版本馆 CIP 数据核字 (2023) 第 046855 号

出版发行 / 北京理工大学出版社有限责任公司
社　　址 / 北京市丰台区四合庄路6号
邮　　编 / 100070
电　　话 /（010）82563891（童书出版中心）
经　　销 / 全国各地新华书店
印　　刷 / 北京地大彩印有限公司
开　　本 / 710 毫米 × 1000 毫米　1/16
印　　张 / 20
字　　数 / 500 千字
版　　次 / 2023 年 4 月第 1 版　2024 年 3 月第 7 次印刷
定　　价 / 200.00 元（共 8 册）

责任编辑 / 封　雪
文案编辑 / 封　雪
责任校对 / 刘亚男
责任印制 / 王美丽

图书出现印装质量问题，请拨打售后服务热线，本社负责调换

致少年读者朋友:

当我在同你们一样对世界充满好奇的年纪时，听到“化学”两个字，脑海中浮现出的画面是：昏暗的实验室中，各种奇形怪状的玻璃瓶陈列在操作台上，戴着防护眼镜的实验人员把不同反应物混合在一起、观察到液体反应物的颜色变化或者是在里面“咕嘟咕嘟”地冒出气体……

后来我才知道，化学其实并不像我们想象的那么“高深莫测”，它始终陪伴在我们身边——打开一瓶汽水，里面的“气”跑出来了，这是化学；点燃一根烟花棒，美丽的烟花在夜色中盛开，这也是化学。其实，我们吃的、喝的是化学物质，穿的、拿的是化学产品，所见、所闻、所感大多是化学现象……简言之，化学无处不在，它“平易近人”，是带领我们认识世界的最初的导师。

《化学江湖》很好地诠释了这一点。

整套书用童真的对话引出深刻的道理，通过奇幻的故事、丰富的画面，将知识从书本上“唤醒”，带你到化学世界进行一次奇妙的探险。国风元素的融入更是别出心裁，使得古色古香之中，一股侠义之风泠然而上，中国独有的文化气息随之扑面而来。

翻开《化学江湖》，你会发现，原来早在古代，我国的陶瓷制作、金属冶炼和炼丹术等就已经与化学“交情匪浅”了。

譬如，武器精灵会告诉你，古人如何从矿石中冶炼出铜、铁等金属，从而锻造出兵器；腐蚀精灵会告诉你，酸雨因何而“酸”，又与我国“四大发明”之中的火药有着怎样的关联；宝石精灵会告诉你，被称为“东方绿宝石”的翡翠因何翠色欲滴，究竟是哪一种元素赋予它美丽的色彩……

什么叫做原子？什么叫做分子？

氧气从哪里来？水又是如何形成的？

“鬼火”到底是什么火？“银针试毒”到底是什么原理？

带着这些问题，我正式邀请你加入这段新征程。翻开《化学江湖》吧，它将成为你踏上科学高山的第一级台阶！

李永舫

中国科学院化学研究所研究员（中科院院士）

传说，宇宙中漂浮着一颗神秘的星球，叫作化学江湖。这里原本是一个平静、和谐的世外桃源，但是由于一次意外的大爆炸，被炸得七零八落……
维持化学江湖运转的宝物——元素碎片被爆炸的冲击波推到了地球上。住在化学江湖上的元素精灵们心急如焚，准备到地球上寻找元素碎片，重建化学江湖……

财迷精灵外表看上去是一位可爱的小男孩，他调皮、机灵，支持劳动致富，反对不劳而获。财迷精灵喜欢收集宇宙中一切漂亮的、奇特的钱币，并大方地把它们送给自己的朋友。财迷精灵负责搜索金、银、铂和其他铂族金属元素碎片。

目录

我是元素罗盘，负责配合财迷精灵确认元素碎片的方位。

黄金——永恒的财富
黄金在哪里？
黄金在哪里？
你也太财迷啦！我们是来找金元素碎片的，不是来找黄金的！
我知道我知道，找黄金也是为了找到金元素碎片的线索呀！
你要是能慢点走，我找得比你快！
你看！海滩上有亮晶晶的东西！快去看看是什么宝贝！
又来了？

这贝壳好漂亮！你已经捡了这么多啦！
咚！

是呀，你喜欢吗？我可以分给你一些哦！
哇，你可真是个大方的小朋友！
比你这个财迷强多了。

不过话说回来，你为什么捡这么多贝壳呢？
这个嘛……

什么？
《史记·平准书》
农工商交易之路通，而龟贝金钱刀布之币兴焉。
《史记》中说，贝壳也可以拿来当钱用。我捡了这么多贝壳，就可以变成大富翁了！
原来还有比你更财迷的人！

贝壳作为货币，早就已经被淘汰了，现在只能当作装饰品了！
啊……难道书上是骗我的不成？
哈哈，当然不是了。在很久很久以前，贝壳确实被当成货币使用……
最初，人们通过物品交换来获得自己想要的东西。比如，用一捆木柴换一袋粮食，就这叫作“以物易物”。
后来，人们交换物品的次数越来越多,所以需要一种珍贵的、不容易损坏的物体来充当“货币”。在当时,贝壳就非常合适。
可是后来，人们发现市场上的贝壳越来越多，所以人们就铸造了各种各样的青铜货币。
秦始皇统一六国以后，统一规定了货币的制样，只有黄金和“半两”铜钱才能被当作货币！
哇，好多钱……
可是，天底下金属的种类那么多，为什么偏要用黄金当作货币呢？
这个问题你可算问对人啦！黄金既珍贵又不容易损坏，是作为货币的理想材料。

俗话说“物以稀为贵”，黄金这么贵，最主要的原因就是数量稀少。
金原子
事实上，大部分黄金位于地核深处，几乎不可能被开采，仅有一小部分细碎的黄金散落在地壳表面。所以对于人类来说，黄金就因为稀少而变得弥足珍贵了。
金也是一种化学元素，金元素的单质就是人们俗称的“黄金”。
▶金：化学符号为 Au，原子序数为 79。
金元素非常“内向”，很少和其他元素结合在一起，因此也就很少出现金元素的化合物。
阿金！和我们做朋友吧！
这世上的热闹，出自孤单……

我不会轻易被氧化。

我也不会轻易被腐蚀。

在元素周期表中，各种元素是按照原子核内质子数、核外电子排布情况和化学性质的相似性来排列的。

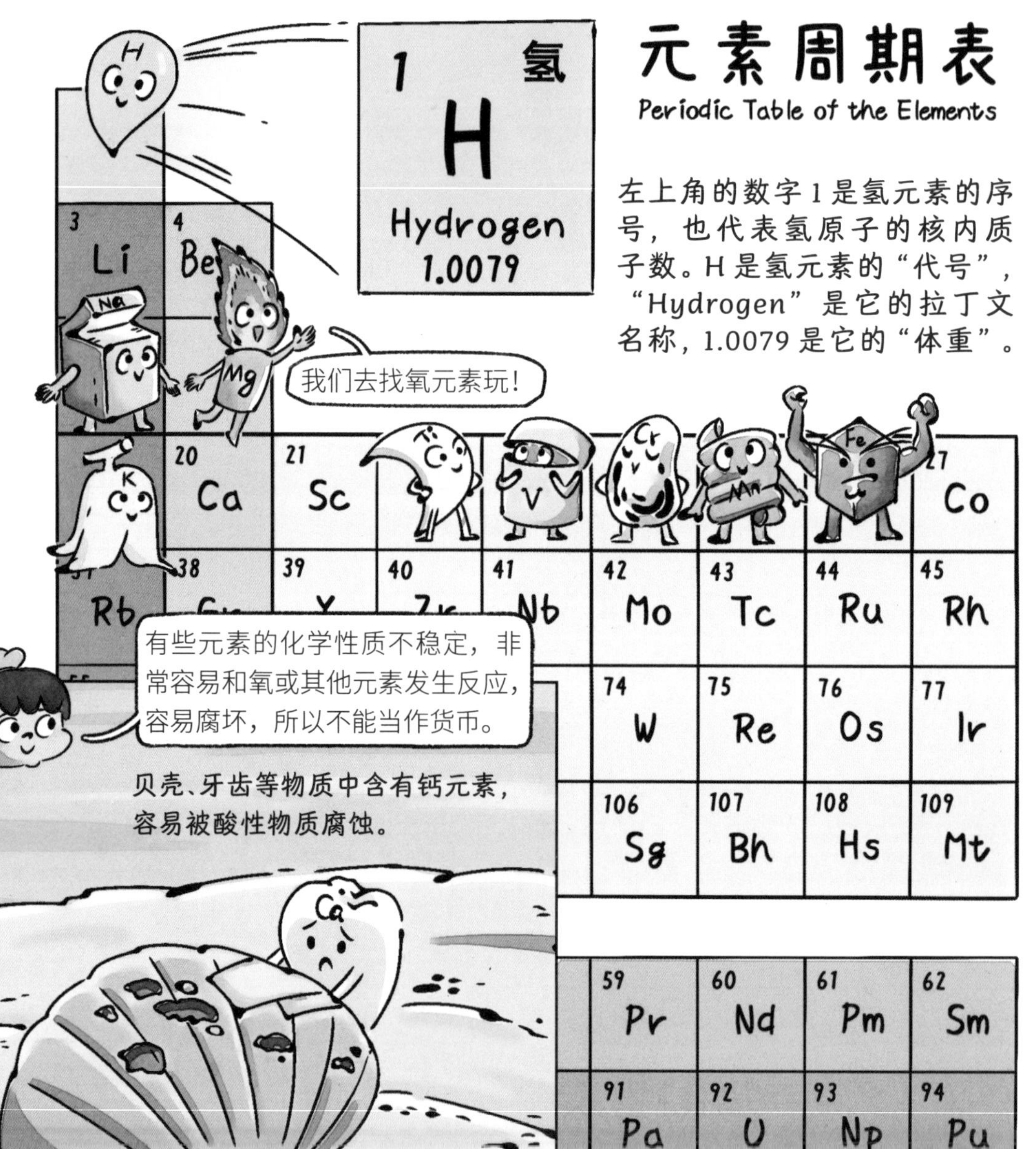

元素周期表

Periodic Table of the Elements

左上角的数字 1 是氢元素的序号，也代表氢原子的核内质子数。H 是氢元素的“代号”，“Hydrogen”是它的拉丁文名称，1.0079 是它的“体重”。

单质是气体或液体的物质难以携带或保存，所以不能当货币。
臭氧
惰
惰性气体
你抓不到我，你抓不到我……
还有，一些有毒的、不易分辨的、本身过于坚硬或者过于柔软的元素，都不适合被当作货币来使用。
2 He
5 B
7 N
9 F
10 Ne
15 P
18 Ar
28 N
30
31 Ga
32 Ge
33 As
34 Se
46 Pd
50 Sn
51 Sb
52
83 Bi
Po
At
Rn
110 Ds
114 Fl
115 Mc
116
117
118 Og
63 Eu
64 Gd
65 Tb
67 Ho
68 Er
71 Lu
95 Am
99 Es
100 Fm
101 Md
102 No
103 Lr
Au
99999
对比之下，黄金不易被氧化、不易被腐蚀，而且密度大、体积小，便于携带，所以当然在“货币之战”中胜出啦！

唉，白捡了这么多贝壳，一点都不值钱。
话不能这么说嘛，好东西不一定要值钱，贝壳这么漂亮，留着当装饰品也好呀！

找到了！金元素碎片就在这附近！
你看！我就说嘛，一定能找到金元素碎片的线索的！

你们要去找黄金吗？带带我！带带我！
没问题！让我来教你“生财之道”！
唉……

* 另一种观点则认为，地表的黄金来源于地球形成之后的陨石撞击，是宇宙赠送给地球的“礼物”。

由于黄金的密度比岩石、沙土高，所以在冲积层中更容易沉淀在河流底部。

所以，大部分淘金者只能凭借眼力，把细碎的砂金挑选出来。

在这里，河水流动的速度变慢，所以大部分碎石、沙土和混入其中的砂金都会沉积下来。这些沉积物就被称为冲积层。

密度大、质量大的砂金会隐藏在河道底部，等待人们发掘。

江湖往事之百变黄金

古人很早就认识到了黄金的性质。汉代《说文》中提到黄金时写道“久薶不生衣，百炼不轻”，说的就是黄金不会生锈，冶炼时不易损耗的特性。

随着古人对黄金的认识越来越全面，他们开始利用金的良好展延性制造各种华丽的工艺品。商代殷墟遗址出土的金箔厚度仅约 0.01 毫米，经锤锻加工和退火*处理而成，这说明 3000 多年前，古人已经知道利用冷加工和再结晶退火技术制出金箔的方法了。

战国、两汉时期，帝王死后常用“金缕玉衣”作为陪葬。“金缕玉衣”是一种用金丝连接玉片制成的、用来包裹遗体全身的“衣服”。考古学家发现，有一些出土的金丝直径仅为0.3毫米左右，工艺之奇令人惊叹。

*退火是一种金属热处理方法，能够降低金属的硬度，提高延展性，使其不易断裂。

那么，这就意味着自然界中不存在“氧化金”这种物质了吗？

没错！因为氧化金会发生“分解反应”！

分解反应是指一种物质分解成两种或两种以上新物质的反应。

世界这么大，我要去看看！

碳酸饮料中的碳酸会分解成水和二氧化碳。如果长时间开盖放置，二氧化碳就会悄悄跑出去。

二氧化碳

说走就走啊？

水

碳酸

如果把一杯碳酸饮料长时间放置在空气中，很快它就“没气儿”了。这就是一种“分解反应”。

氧化金是一种对阳光非常敏感的物质，一旦遇到阳光，就会分解成金和氧气，因此很难获得。
你再不挽留我，我就真的走了！
慢走不送。
氧化金也会发生分解反应。
氧化金是一种棕黑色的粉末状物体，极少在自然界中出现。
分解反应与化合反应，是化学中的两种基本反应类型。
分解反应
化合反应
一种化合物分解成多种物质的反应，叫作分解反应；多种物质反应生成一种物质的反应，叫作化合反应。

除了升值、储蓄以外，黄金在人类的生活中还有很多用途。
2021年年底发射升空的詹姆斯·韦布空间望远镜的主反射镜上，就镀了一层黄金。
在宇宙中，太阳射出的紫外线和其他宇宙射线都具有一定的腐蚀性。而黄金非常不易被腐蚀。
空间望远镜是一种运行在外太空的、用于观测天体的望远镜。
宇航员的头盔里也有一层黄金。

由于黄金具有很强的防腐蚀性和很好的导电性，所以奥运金牌和手机电路板中也有黄金。
黄金可以被制成电连接器的镀层，从而保护连接器端，使其不被氧化或腐蚀。
按照奥组委的规定，奥运金牌的成分是纯银镀金，镀金不低于6克。

新冠病毒抗原检测试剂盒就使用了“胶体金法”来检测病毒。
C
T
2019-nCov
直径到达纳米级别的黄金颗粒，可用来制成传染病诊断试剂盒。
纳米是一种长度单位，1000万纳米=1厘米。

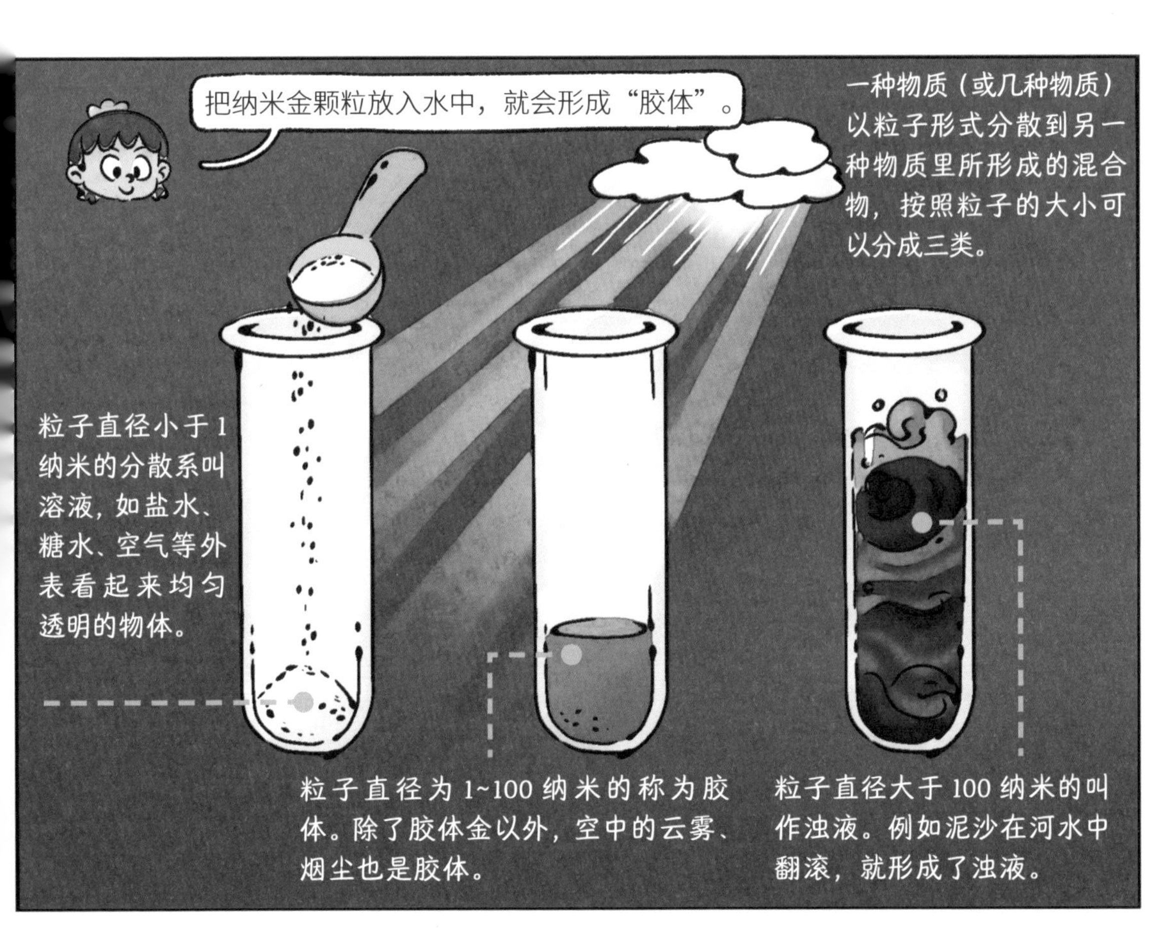
把纳米金颗粒放入水中，就会形成“胶体”。
一种物质（或几种物质）以粒子形式分散到另一种物质里所形成的混合物，按照粒子的大小可以分成三类。
粒子直径小于1纳米的分散系叫溶液，如盐水、糖水、空气等外表看起来均匀透明的物体。
粒子直径为1~100纳米的称为胶体。除了胶体金以外，空中的云雾、烟尘也是胶体。
粒子直径大于100纳米的叫作浊液。例如泥沙在河水中翻滚，就形成了浊液。

含有纳米金颗粒的胶体指示剂遇到新冠病毒时会变色，非常容易被识别出来。

传说中的『一两银子』
谢谢你送我那么多贝壳！这些黄金送给你啦！
哇！我也是有金子的人啦！
好呀！好呀！
只有我一个人在认真地找元素碎片……
我可以去集市上买好吃的啦！走！我请你！
集市上好热闹啊！
来这边！
老板！来三块儿芙蓉饼！

呃……三块儿芙蓉饼只需要一两银子，你如果用黄金来支付，我只能找给你一些银子，可以吗？
啊？为什么呢？
因为黄金的价值太高了，不适合用来支付。
一般来说，一两黄金大概可以兑换四两白银。
在不同的历史时期，黄金和白银的兑换比例均有所不同。
在支付过程中，人们需要用戥（děng）子给黄金或白银称重，然后用大剪刀把整块的金银分割开，只留下对应的数额。
这些银子是给你的找零。

用剪刀就能把银子剪开？
没错，黄金和白银都比较柔软，易于切割。
黄金可以被锤打成比纸还薄的金箔；每克白银可以拉成长为一千八百米的细丝。所以，金和银都是延展性很强的金属。

鉴毒专家？
慢走！欢迎再来！
真好吃！
哎呀！怎么回事？

你们竟然给我下毒！
我要报官！
吵起来了？
下毒？那可得赔钱啊！
走，去看看！

我的银勺子刚放进鸡蛋羹里就变黑了！你说！是不是贪图我的钱财，故意给我下毒？
不是不是，你先别激动，首先我没看出你有什么钱财……
明白了，这人是来碰瓷骗钱的！
啊？为什么？

你说谁碰瓷骗钱呢？
说你呀！

你难道没听说过“银针试毒”吗？银碰到有毒的东西会变黑，我的银勺子变黑了，这里的饭菜一定有毒！
哎呀！“银针试毒”一点儿都不准确！你先离我远点儿！
他好吵……

银勺子变黑是因为遇到了硫元素，不一定是因为毒药。

还记得吗？
因得失电子而带电荷的原子叫离子。
Ag+
金属离子是一类由金属元素失去电子而形成的阳离子，因此被称为金属阳离子。

如果把金属元素放置在水中，它会不断地向外释放一部分离子……
银原子
Ag
Ag
银是一种亲硫元素，而鸡蛋中恰好含有硫元素。当它们两个结合在一起，就会变成黑色的硫化银。
我来了！
S
Ag
好想你！
我怎么变黑了？
变黑了我也喜欢你！
▶银：化学符号为Ag，原子序数为47。
银只能检测出含有硫元素的毒药，但像鸡蛋、猕猴桃一类的食物中也都含有硫元素，它们虽然会让银发黑，但都是安全食品！
骗子！赶快离开！不然我就报官啦！
可恶，被拆穿了……

＊砒霜在中国古代又被称为鹤顶红，是一种古老的毒药。

啊，那不是我们的元素碎片吗！
你才看见啊？
我能！
我知道怎么把掺在一起的金和银分开！
嘿嘿，你们不知道吧！银元素会和硫元素发生反应，产生黑色的硫化银……
哇，学以致用，不错！
只要把它们都扔到鸡蛋羹里，然后把变黑的部分抠出来，就只剩下黄金啦！
我收回刚才的话……

这小孩在开什么玩笑！来人！抓起来！
别抓我呀！
别急、别急，我来解释！
古书上曾经记载过一种“分庚银法”。
首先，需要把掺杂了白银的黄金放进炼金炉中煅烧成金水。
向金水中投入一定比例的硫黄粉。
硫黄与金水中的银发生反应，生成灰黑色沉淀物——硫化银。硫化银密度低，所以在上层；纯金密度高，所以在下层。
所以，只要把表面上的硫化银捞出来，剩下的就是纯金啦。
可是这样一来，不就把银子都浪费了吗？

江湖往事之真假白银

在秦代以前，古人就已经使用白银作为流通货币了。到了宋代，官府发行银币，银币的流通地区甚至比使用铜钱的地区更广。贵族们也会使用银制作装饰品，如唐代五品以上的官服会用银鱼作为点缀，乐工舞蹈时用银甲、银佩刀，弹筝用银指甲。

银的用途很多，价格也高，因此时有掺假现象发生。为此，古人总结出了银合金的鉴别方法，用来减少损失。明代《格古要论》中提到，用观察、加热、磨擦等简单的方法就能判断银的真假。书上写道，不掺假的白银表面会有一些金色、绿色或黑色的花纹，也比较柔软；掺了铅的白银会有黑斑，表面没有光泽；掺了铜的白银质地更硬，摩擦后会出现红色。可见，古人对于银合金的外观和性质也有了一定的认识。

* 成书于明朝的《墨娥小录》《物理小识》中都提到过使用含硫化合物分离金银、使用草木灰从硫化银中回收白银的方法。

化学聚义厅
原来银元素这么厉害
古今中外的贵族都喜欢把银制成餐具。
餐具中的银离子可以破坏细菌的蛋白质，延缓细菌的繁殖速度，所以银制器皿中的食物腐烂速度更慢。
在不锈钢被发明出来以前，银质餐具是身份和地位的象征，而且不会产生令人讨厌的金属味道。
Ag+
碘化银
Ag
在现代生活中，银不仅能被当作贵重的工艺品，还有很多其他用处，如人工降雨。
碘化银粉末可以凝结云中的水滴，让它们落到地上，形成雨、雪。
Ag
碘化银是化学试剂，但由于每平方千米只需要用一克碘化银进行人工降雨，所以不会对环境产生负面影响。

错过了！铂元素
感谢你们解决了这个难题！再见啦！
这就叫“踏破铁鞋无觅处，得来全不费工夫”呀！
真是太棒了！
Ag
欸？原来铂族元素碎片也在这。
Pt
还真是！铂族元素和银元素外观太像了，刚刚都没被发现。
铂族元素是什么？
铂族元素是和金、银一样美丽的金属元素，它们中的“大哥”是金属铂——
想认识我们铂族元素，得先认识我才行！
Pt
铂元素
金属铂不仅和金、银一样美丽，还拥有与它们相似的化学性质。
我们密度大！
我们延展性强！
我们耐腐蚀！
Pt
▶ 铂：化学符号为 Pt，原子序数为 78。
那么，铂也和金、银一样，可以做成货币，对不对？
Au
Ag
Pt

公元1735年，西班牙人德乌略亚在南美洲采集到天然的铂。

才不是呢！
我们铂元素其实还有很多很多本领呢！
对于人体来说，我们可是大大的功臣！
癌症是一种非常可怕的疾病，它的本质是一些恶性细胞不受控制地分裂增殖，入侵正常的组织，导致人体器官的功能衰竭。
铂元素药物
而铂类抗癌药物能够抑制癌细胞的生长，挽救病人的生命！

Pt
在环保工程中，也少不了我们的身影。
Pt
人类的身体对于难闻的气味非常敏感，这是因为这些气味中含有对身体有害的物质。
Pt
在现代生活中，汽车的尾气不但对人体有害，还会造成严重的环境污染。
而我们铂元素，还有“铂族元素”们，可以吸收汽车尾气中的有害物质，保护环境。
汽车排气装置中安装的催化转换器里含有铂、钯及铑等铂族元素，可以净化汽车尾气中的有害物质。

化学聚义厅
铂元素的大家族

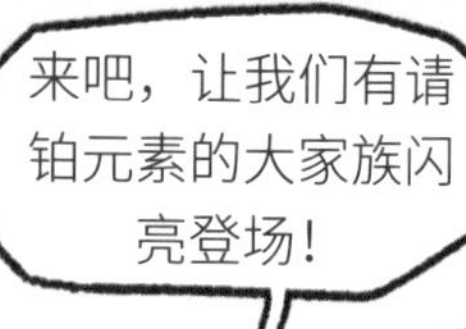
来吧，让我们有请铂元素的大家族闪亮登场！

Ru
Pd
Ir
Rh
Pt
大家处理尾气辛苦了！
你好！大家好！

这位是钌元素。
钌元素
Ru
我可以让金属合金更加坚硬！
在珠宝首饰上镀一层铑元素，可以让它们保持光泽。
Rh
铑元素
看，多美呀！

这支短笛不会生锈，都是我的功劳！
Pd
钯元素
这位是钯元素，具有超强的抗腐蚀能力！

锇元素可以用来制作钢笔的笔尖。
Os
锇元素
我可以让钢笔书写流畅。

江湖往事之铂金饰品的故事

铂又叫“铂金”，在现代生活中，有许多铂金材料的饰品。铂元素在地球上的分布较为集中，因此，早期只有产出铂元素地区的人才知道它的存在。比如在公元前700多年时，古埃及人就已经会把铂加工成饰品了。1780年，巴黎的一位能工巧匠为法国路易十六国王和王后制作了铂金戒指、胸针和铂金项链，使铂金名声大振，提高了大众对铂金更为广泛的认知。

中国铂族元素矿产资源很少，因此以前主要利用铂元素发展工业。近年来，随着人们生活水平的提高，我国铂金饰品的消费需求也随之大幅度增加。到了2001年，我国便已成为世界铂金饰品消费的第一大国。

Au
Ag
Pt
太好啦！回家喽！
好了，金元素碎片、银元素碎片和铂族元素碎片都收集齐了！
等等，等等！
你要离开了吗？
是呀，我们的任务已经完成啦！
可是，你还没有告诉我“生财之道”啊！
对哦，我忘了！
你想一想，集市上的人都是怎样获得财富的呢？
嗯……
淘金？铸银？
不对，不对。

农民每天都要在田地中劳作，才能种出粮食，换取财富。
纺织工人也需要每天织布，才能换取财富。
所以……
所以，不能妄想一夜暴富，劳动才是财富永恒的来源！
要热爱劳动哦！再见啦！
我知道啦！再见！

和我们一起修复化学江湖吧！

▶ 其余铂族元素钌、铑、钯、锇、铱：化学符号分别为 Ru、Rh、Pd、Os、Ir。

银元素

1. 在不同的历史时期，黄金和白银的兑换比例均有不同。比如在明朝前期，一两黄金可以兑换四两白银；明朝中后期，白银的数量增多，一两黄金就可以兑换八两左右的白银。
2. 银是一种亲硫元素，所以当银元素和硫元素碰到一起时，就非常容易形成黑色的硫化银。
3. 成书于明朝的《墨娥小录》《物理小识》中都提到过使用含硫化合物分离金银合金、使用草木灰从硫化银中回收白银的方法。

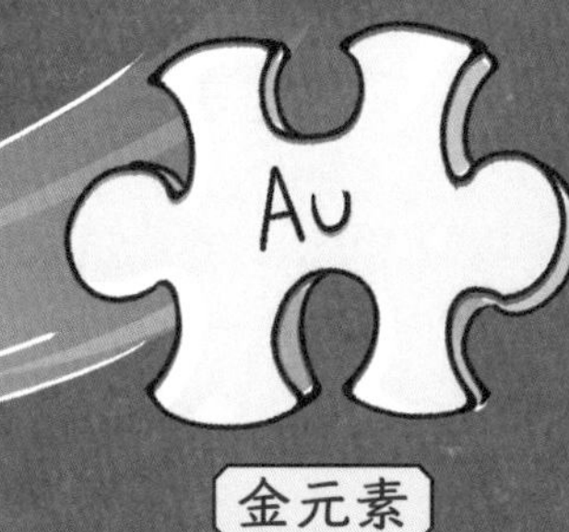

金元素

1. 金是一种化学元素，金元素的单质就是人们俗称的“黄金”。
2. 金元素化学性质稳定，因此也就很少出现化合物。
3. 黄金不会轻易被氧化、腐蚀，而且密度大、体积小，便于携带，成为全球公认的货币。
4. 大部分金元素都藏在地球深处，在漫长的地质作用下，地层深处的金元素通过地震、火山喷发等方式被带到了地表，有的凝固成了小小的颗粒混入了河水中，有的和岩石结合在一起，变成了金矿。混入河水的黄金被称为“砂金”，嵌在岩石中的黄金被称作“岩金”。
5. 氧化金会发生“分解反应”。一种化合物分解成多种物质的反应，叫作分解反应；多种物质反应生成一种物质的反应，叫作化合反应。分解反应和化合反应是化学中的两种基本反应类型。

铂元素

1. 铂元素是和金、银一样美丽的金属元素，在生活中很常见。
2. 地球上可供开采的金属铂只有黄金的十分之一左右，而且，人们在公元 1735 年才发现铂元素，这时，世界上早就已经形成了金银货币体系，所以铂不能被当作货币。
3. 铂类抗癌药物能够抑制癌细胞的生长。
4. “铂族元素”可以吸收汽车尾气中的有害物质，从而保护环境。

米莱童书

米莱童书是由国内多位资深童书编辑、插画家组成的原创童书研发平台。旗下作品曾获得 2019 年度“中国好书”，2019、2020 年度“桂冠童书”等荣誉；创作内容多次入选“原动力”中国原创动漫出版扶持计划。作为中国新闻出版业科技与标准重点实验室（跨领域综合方向）授牌的中国青少年科普内容研发与推广基地，米莱童书一贯致力于对传统童书进行内容与形式的升级迭代，开发一流原创童书作品，适应当代中国家庭更高的阅读与学习需求。

致 谢： 感谢任继愈、赵匡华等老师编著的《中国古代化学》（商务印书馆），为我们展现了一个清晰、科学的古代学术世界。

策 划 人： 刘润东　魏诺

原创编辑： 王曼卿　张婉月　王佩

漫画绘制： Studio Yufo

专业审稿： 华北电力大学环境学院应用化学专业副教授
有机化学课程教学改革项目负责人　张岳玲

装帧设计： 辛洋　马司文　张立佳　刘雅宁

米莱童书 著/绘

北京理工大学出版社
BEIJING INSTITUTE OF TECHNOLOGY PRESS

图书在版编目（CIP）数据

化学江湖：给孩子的化学通关秘籍：共8册 / 米莱童书著、绘. -- 北京：北京理工大学出版社，2023.4（2024.3重印）

ISBN 978-7-5763-2197-5

Ⅰ. ①化… Ⅱ. ①米… Ⅲ. ①化学—少儿读物 Ⅳ. ① O6-49

中国国家版本馆 CIP 数据核字 (2023) 第 046855 号

出版发行 / 北京理工大学出版社有限责任公司
社　　址 / 北京市丰台区四合庄路6号
邮　　编 / 100070
电　　话 /（010）82563891（童书出版中心）
经　　销 / 全国各地新华书店
印　　刷 / 北京地大彩印有限公司
开　　本 / 710 毫米 × 1000 毫米　1/16
印　　张 / 20
字　　数 / 500 千字
版　　次 / 2023 年 4 月第 1 版　2024 年 3 月第 7 次印刷
定　　价 / 200.00 元（共 8 册）

责任编辑 / 封　雪
文案编辑 / 封　雪
责任校对 / 刘亚男
责任印制 / 王美丽

致少年读者朋友:

当我在同你们一样对世界充满好奇的年纪时，听到“化学”两个字，脑海中浮现出的画面是：昏暗的实验室中，各种奇形怪状的玻璃瓶陈列在操作台上，戴着防护眼镜的实验人员把不同反应物混合在一起、观察到液体反应物的颜色变化或者是在里面“咕嘟咕嘟”地冒出气体……

后来我才知道，化学其实并不像我们想象的那么“高深莫测”，它始终陪伴在我们身边——打开一瓶汽水，里面的“气”跑出来了，这是化学；点燃一根烟花棒，美丽的烟花在夜色中盛开，这也是化学。其实，我们吃的、喝的是化学物质，穿的、拿的是化学产品，所见、所闻、所感大多是化学现象……简言之，化学无处不在，它“平易近人”，是带领我们认识世界的最初的导师。

《化学江湖》很好地诠释了这一点。

整套书用童真的对话引出深刻的道理，通过奇幻的故事、丰富的画面，将知识从书本上“唤醒”，带你到化学世界进行一次奇妙的探险。国风元素的融入更是别出心裁，使得古色古香之中，一股侠义之风泠然而上，中国独有的文化气息随之扑面而来。

翻开《化学江湖》，你会发现，原来早在古代，我国的陶瓷制作、金属冶炼和炼丹术等就已经与化学“交情匪浅”了。

譬如，武器精灵会告诉你，古人如何从矿石中冶炼出铜、铁等金属，从而锻造出兵器；腐蚀精灵会告诉你，酸雨因何而“酸”，又与我国“四大发明”之中的火药有着怎样的关联；宝石精灵会告诉你，被称为“东方绿宝石”的翡翠因何翠色欲滴，究竟是哪一种元素赋予它美丽的色彩……

什么叫做原子？什么叫做分子？

氧气从哪里来？水又是如何形成的？

“鬼火”到底是什么火？“银针试毒”到底是什么原理？

带着这些问题，我正式邀请你加入这段新征程。翻开《化学江湖》吧，它将成为你踏上科学高山的第一级台阶！

李永舫

中国科学院化学研究所研究员（中科院院士）

传说，宇宙中漂浮着一颗神秘的星球，叫作化学江湖。这里原本是一个平静、和谐的世外桃源，但是由于一次意外的大爆炸，被炸得七零八落……
住在化学江湖上的元素精灵们心急如焚，到地球上寻找元素碎片，准备重建化学江湖……

活力精灵是一位活力四射的小女生。她热爱运动，总是精力充沛，致力于为一切生物提供健康和活力。活力精灵还掌管化学江湖上的碱性物质，负责搜索钠、钾、钙等元素碎片。

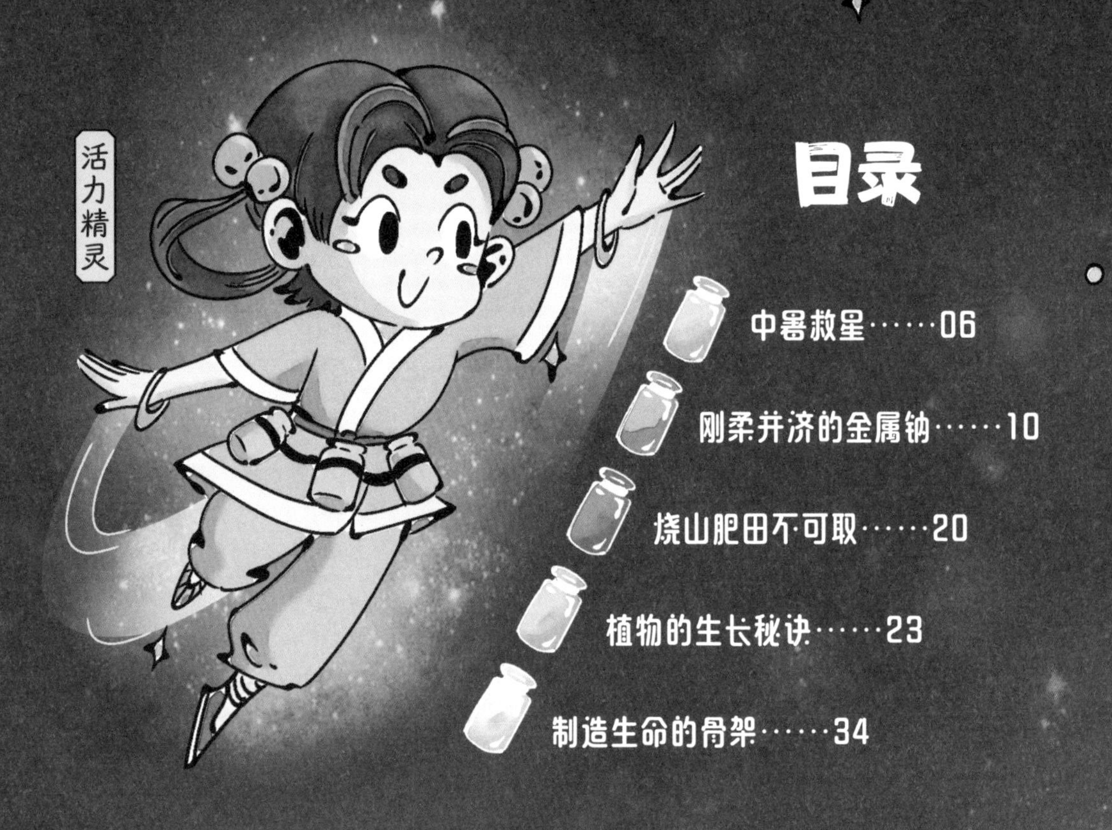

目录

中暑救星
我快要没电了……好渴，好累，好想回家……
再坚持一下！就快到山顶了，你不是也想看看山顶上的风景吗？
不……不行了……
咦，我感应到了钠元素碎片！
嘀嘀！
太好了！我们冲！
嗖！

这里怎么有个小孩？

温度好高。
姐姐，我好想吐啊……

你这是中暑了！
淡盐水

啥是中暑啊，我怎么没听说过？
你是机器人，当然不会中暑。对于人类来说，中暑是由高温环境导致的体温异常升高症状。中暑时，人会出很多汗，体内的水分和盐分大量流失，应该及时补充一些淡盐水。
Na
Cl
H
咕嘟咕嘟……

水分子、钠离子、氯离子，这就是淡盐水的成分吧！正所谓缺啥补啥。
没错！我们平时吃的盐，学名是氯化钠。
姐姐，我家在山顶，能麻烦您送我回家吗？
山顶……那不就是钠元素碎片的方向！
太好了！我们出发。
爸爸，我回来啦！
钠元素碎片

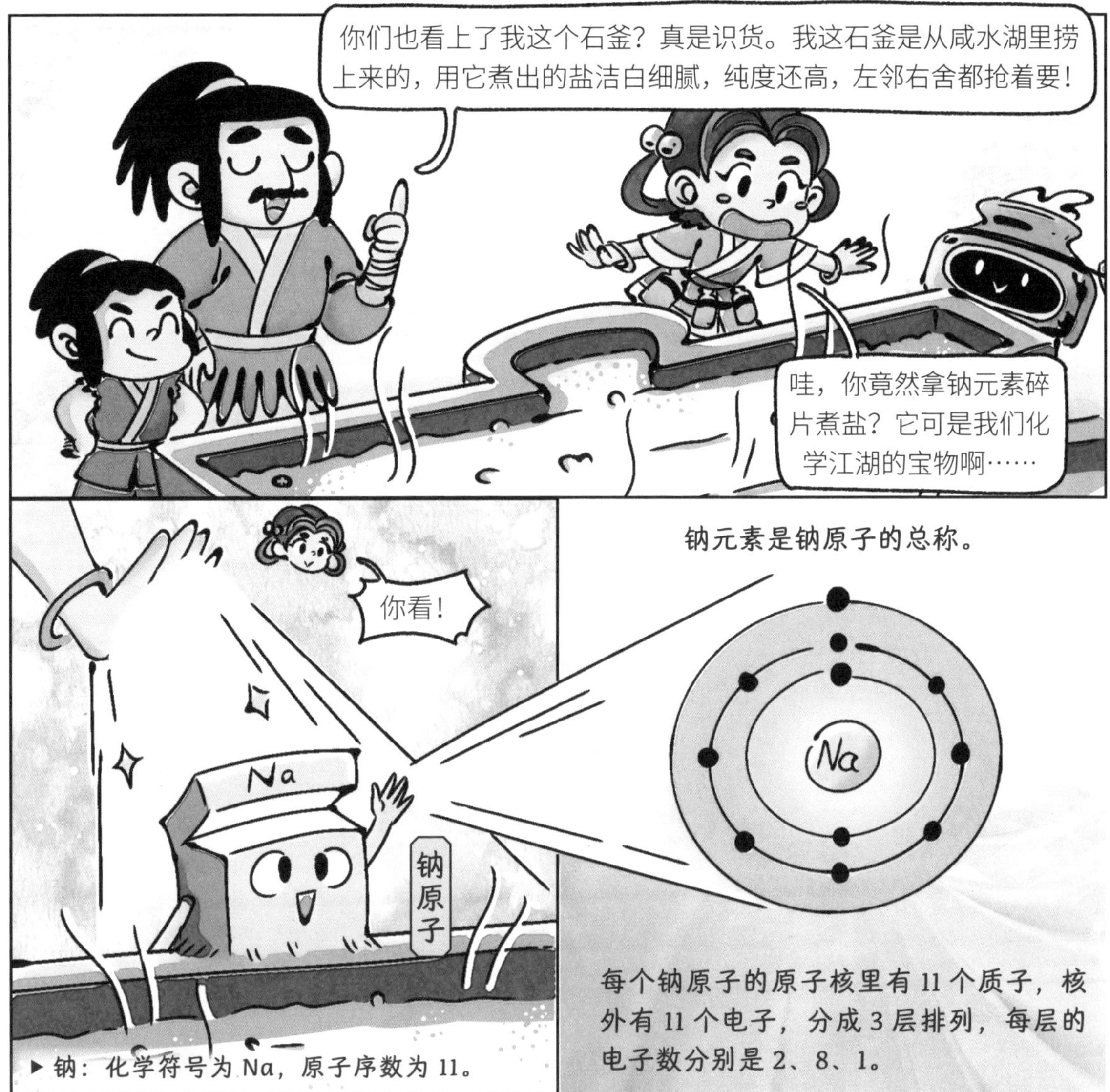

钠元素是钠原子的总称。

每个钠原子的原子核里有 11 个质子，核外有 11 个电子，分成 3 层排列，每层的电子数分别是 2、8、1。

▶ 钠：化学符号为 Na，原子序数为 11。

刚柔并济的金属钠
钠元素的单质是金属钠，是一种超级柔软的银白色金属，随便用一把小刀就能把它切开。
Na
刷！
怪不得你头上有个豁口。
而如果把金属钠放进水里……
Na
嘶嘶
Na
金属钠非常活泼，甚至会和水发生反应，在水面上迅速游动，同时发出光亮，再随着反应的进行熔化为一个小球。这个反应还会放出氢气，生成氢氧化钠。
哇，真厉害，要是拿金属钠打水漂，是不是打很多下也不会沉底？
呃……我刚刚说，钠能跟水反应，人体皮肤的含水量在70%以上，你刚碰到金属钠，化学反应就发生了！

这个反应发生时会释放出热量，烧伤你的皮肤，由此而生成的氢氧化钠是一种强碱，会破坏皮肤里的蛋白质。
Na
H
好可怕的钠元素！
也没有那么夸张啦。其实，我们的生活中到处都是钠元素。
炒菜都得放盐，食盐的成分是氯化钠，刚刚喂你喝的淡盐水就是氯化钠的水溶液。
同样是钠元素，为什么会有这么大的区别？
钠
这和钠原子本身的结构有关。钠原子最外层的电子数是1，这个电子独自待在一条轨道上，非常孤独，因此总想找机会离开。

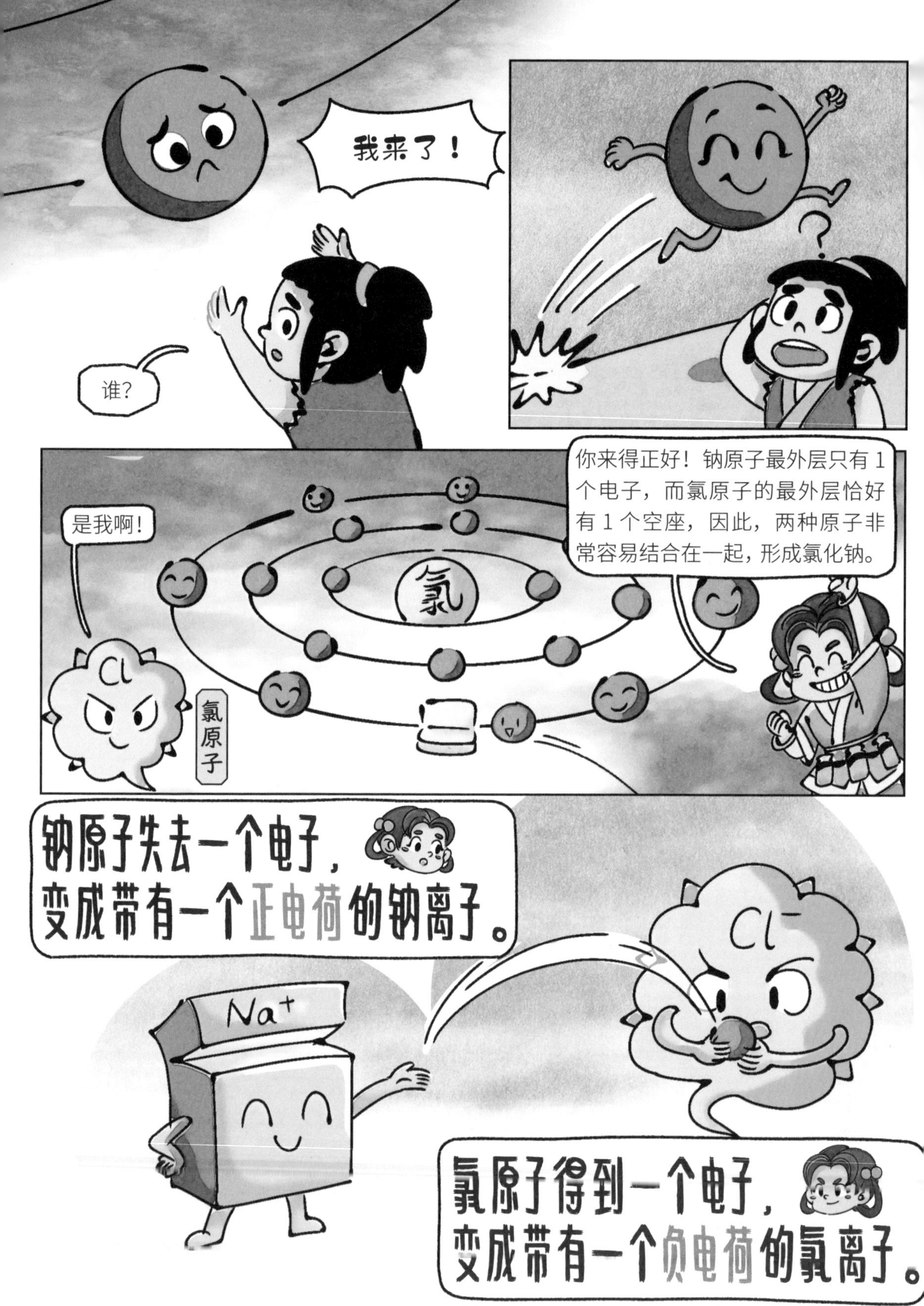
我来了！
谁?
是我啊！
你来得正好！钠原子最外层只有 1 个电子，而氯原子的最外层恰好有 1 个空座，因此，两种原子非常容易结合在一起，形成氯化钠。
氯
Cl
氯原子
钠原子失去一个电子，变成带有一个正电荷的钠离子。
Na+
Cl-
氯原子得到一个电子，变成带有一个负电荷的氯离子。

盐
因此，氯化钠是离子化合物。
这是氯化钠的晶体结构，能看到钠离子和氯离子都老老实实排列成方阵。
正因为钠原子非常容易失去电子，而氯原子又非常容易得到电子，盐矿比大部分金属矿都要常见，储量也更丰富。
更别说海水和咸水湖里到处都是钠离子和氯离子了，人类根本不用担心没有盐吃。
呸呸，好咸！
Cl⁻
Na⁺

江湖往事之盐的历史

六千年前，人们争夺运城湖（今位于山西运城）的所属权，打捞湖面上的盐晶，用来调味和腌制食物。三千年前，埃及人对盐的防腐作用有了更深的认识，他们用盐处理法老的尸体，将其制成木乃伊，至今没有腐烂。盐中含有钠元素，这是钠元素最古老的应用。

住在海边的古人使用“煮海”的方式制盐，即加热海水，直到盐分结晶析出。住在内陆的古人则开凿盐井，取水煮盐。早在秦汉时期，四川成都的制盐者就开始利用凿井时发现的天然气熬制食盐，比西方早了一千三百多年。

晋朝人常璩所著的《华阳国志》里写：临邛县“有火井，夜时光映上昭。民欲其火，先以家火投之。顷许，如雷声，火焰出，通耀数十里。以竹筒盛其火藏之，可拽行终日不灭也”。意思是两千多年前的四川就有“火井”，人们用“家火”把井里的天然气引上来，用竹筒装着天然气，作为走夜路时照明用的火把。另外，西晋的左思在《蜀都赋》里写下的“火井沈荧于幽泉，高爓飞煽于天垂”也描写了火井里火焰燃烧的绮丽景象。

盐

化学聚义厅

制作手工皂

今天教大家做手工皂，用到的材料有氢氧化钠和各种植物油。
椰子油
橄榄油
亚麻籽油
氢氧化钠
电子秤
薄荷精油

氢氧化钠固体是白色片状，具有腐蚀性，不能用手直接触摸，可以用金属或塑料勺子取用。
电子秤
把我们准备好的椰子油、橄榄油、亚麻籽油和薄荷油倒进一个耐高温的容器并搅拌均匀。
高硼硅玻璃
只能用这几种油吗？能不能加点儿我喜欢的薰衣草油？
都可以加。氢氧化钠能够和所有的植物油和动物油发生反应，生成不同种类的皂。这类反应叫作皂化反应。
椰子油
橄榄油
亚麻籽油

是错觉吗？感觉温度升高了。
不是错觉，氢氧化钠和油脂反应会释放出大量的热，因此我们使用更加耐热的高硼硅玻璃容器。
把混合好的皂液倒入模具，等待冷却、凝固。
三十天后
手工皂做好啦！
肥皂厂里批量生产的肥皂使用的原材料与手工皂不尽相同，但核心原理都是皂化反应。

化学聚义厅
氢氧化钠与社会生活

氢氧化钠是制造肥皂的重要原料。
Na

其实造纸也离不开氢氧化钠。
Na
H

100元
银票
贰佰两
古代银票通常颜色泛黄，着色不均，上面有纤维状的纹理。而现代纸币则颜色纯正，摸起来没有粗糙的纤维质感。

造纸之前需要先把木头煮成纸浆，纸浆的主要成分是纤维素，氢氧化钠不会和纤维素反应，只会和各种固体杂质反应，因此被用来洗涤纸浆。
纤维素
H
杂质
杂质
Na
杂质
杂质
杂质

烘焙碱
NaOH
碱水面包是一种风味独特的地球食物，它的制作过程也要用到氢氧化钠烘焙碱。
你之前说过，氢氧化钠会烧伤皮肤！怎么还能用来做面包？
这是因为碱在烹饪过程中会和面团里的酸性物质反应，转化为盐，对人体没有危害。
味精
肥皂
盐，那不会很咸吗？
非也。盐在化学里指的可不仅只有氯化钠，比如建筑用的洁白的大理石、用来给菜肴提鲜的味精、你平常用的肥皂，都属于盐。

碱别加多了！
食用碱
你还记得我们生活中吃的手擀面吗？日常和面也要用到碱，但此“碱”非彼“碱”，而是一种盐。
你在说什么啊！
铅笔里没有铅，锡纸里也没有锡。食用碱其实是碳酸氢钠，别名小苏打，在化学上属于一种盐。
面是用热水和的，碳酸氢钠能够在热环境里慢慢分解为碳酸钠、水和二氧化碳，使面团变得蓬松多孔，富有弹性。
湿润
蓬松多孔
原来是这个作用！

烧山肥田不可取
加油，今天也是追赶朝阳的一天！
等等我……
那里有个人，我们去问问吧。
这里似乎有钾元素碎片，但我没看到在哪儿。
你……你要干什么？
一惊一乍干什么，我不过是要烧田而已啊。
烧田？种地为什么要先烧田呢？
小姑娘年纪轻轻的，不懂得种田的窍门。烧过的田会变得更加肥沃，种出的粮食产量更高、品质更好。

我怎么会不懂种田呢？是你的方法太过时了。我来跟你说说烧田的原理和弊端，你就知道什么是更好的方法了。
很久很久以前，人们在烧田前要把土地翻开，把杂草、苔藓等都翻出来。
要是能找到枯黄的树枝和树叶就更好了。
植物燃烧后产生的灰烬里富含磷元素和钾元素。
磷原子
钾原子

磷元素主要在植物的种子和植物细胞的细胞核中。如果缺磷，植物就会叶片枯黄，发育迟缓，果实减产。
磷元素太少，我都不健康了。
唉，这株植物需要我的帮助……
钾元素则是一位全能型选手，辅助植物体内的 60 多种酶完成各自的催化任务。所以，植物如果缺钾，就会像人类心情低落那样，浑身不舒服，叶片、根茎、种子、幼芽会出现不同程度的生长困难。

因此，烧田的意义在于让土地获得更多的磷元素和钾元素。
照你这么说，烧田不是很好吗，为什么还要阻止我呢？
P
K
我还没说完呢！你以为烧田只有好处，没有坏处吗？

植物的生长秘诀

植物所需的三大营养素，除了磷元素和钾元素外，还有氮元素。
磷
钾
氮

氮元素是植物体内蛋白质和叶绿素的主要成分。大部分叶绿素在叶片里，因此，补充氮元素会让植物的叶片更加健康、茂盛，可以更充分地进行光合作用。
烧过田后，磷元素和钾元素会留在灰烬里。氮元素则会和空气里的氧元素相结合，彻底离开土壤。
烧田以后，土壤虽然得到了充足的磷元素和钾元素，但同时也损失了大量的氮元素，同样无法种出优质的粮食。
原来是这样！

那我这块田该怎么处理呢？
不用担心，你们地球上有一句古话，“授人以鱼，不如授人以渔”，只要你以后不再烧田，我就教给你一个更好的办法！
真的吗？我保证以后不烧田了！
氮
磷
钾
我先给你三瓶植物营养液，你把它们洒在农田里，这样能够使土地肥沃，庄稼长得更好。
你可以用种植大巢菜的方法帮助土地积累氮元素。把大巢菜割掉后烧成灰再撒回农田，就能够为土壤补充磷元素和钾元素。
原来如此！我今年就把你说的大巢菜种上。
今后你土地里的庄稼一定会连年丰收的！

▶ 钾：化学符号为 K，原子序数为 19。

江湖往事之古代放火烧山的相关政策

大家都听过“刀耕火种”这个词吧？“刀耕火种”是上古时期的耕作方式。传说，殷代时期已有火耕，当时的人类先用石斧、铁斧砍伐地面上的树木等枯根朽茎，晒干后用火焚烧。被火烧过的土地变得松软，不知不觉地利用地表草木灰作肥料，从而获得收成；同时，连绵不绝的山火还可以驱逐野兽，帮助人们获取一些猎物。但是，长期烧山肥田会造成土质变坏，还会无形中伤害森林、鸟兽，因此到了战国后期，国家已经倡导农民停止烧山肥田，西汉时天子还下令禁止“行大火”。随着人们生态意识的加强，“刀耕火种”的方法渐行渐远，但草木灰中的钾肥却依然可以为人们所利用。到了唐宋时期，人们会趁下雨前烧草木，让钾肥经雨水溶解后，渗入地中。这是一种农闲时分在空地上烧柴草的方法，不同于烧山辟地，它不影响生态平衡。诗人刘禹锡曾写下“上山烧卧木”“下种暖灰中”，道出了农民利用草木灰，促进作物成长时的场景。

神经元是人体内的一种特殊细胞，负责感受环境的变化，并把信息传递到大脑中，让你根据当前环境产生行动。
化学聚义厅
钠与钾的合作
神经元
能够让神经元做出反应的，正是钠离子和钾离子。当神经元处于相对静止状态时，细胞内外离子携带的电荷数量之差是恒定的。因为细胞表面有专门供钠离子和钾离子进出的通道，电荷的数量差一旦发生波动，这个通道就会打开，使钾离子来到细胞外，从而平衡了电荷的数量差。
钾离子门
钠离子门
Na+
Na+
Na+
K+
K+

咻！
外部的刺激唤醒神经元，使细胞表面的离子通道打开，让一定数目的钠离子进入细胞，而钾离子离开细胞后，内外离子携带的电荷数量之差便因此发生了变化。
钾离子门
钠离子门
Na+
K+
这种变化能够被邻近的神经细胞感受到，而为了调控细胞内外的电荷数目之差，这些神经细胞也同样打开自己身上的离子通道，因此使刺激信号可以一直传递到大脑。
身体里的钠元素和钾元素是如此重要，如果没有它们，你可就变傻啦！

化学聚义厅

什么是碱？

现在，让我来讲一下碱和酸与碱的关系！
老朋友，我来了！
盐酸
硫酸
硝酸

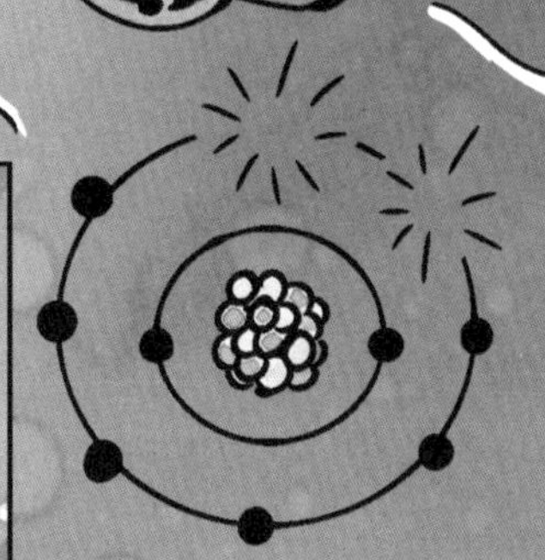

好强的酸！

盐酸溶液
之前我们介绍过，酸能够在水中电离出氢离子，强酸是能够在水中完全电离的酸。

同理，强碱就是能够在水中完全电离的碱，它们会电离为金属离子和氢氧根。
氢氧化钠溶液
Na

还记得吗？氧原子最外层有两个空座。

我和一个氢原子能结合成氢氧根，氢原子的最外层只有一个电子，占据了我的两个座位之一，现在还剩下一个座位。

干杯！
想死你啦！
Cl-
H+
Na+
我也是！
相同浓度的盐酸和氢氧化钠溶液发生反应后，氢离子会和氢氧根反应生成水，最终只剩下钠离子、氯离子和水，也就是盐水。这种反应叫作中和反应。
H2O
我是精灵，强碱溶液溅到身上也没事。
但强碱碰到人类皮肤里的水分会释放出大量热量，灼烧皮肤，还会让蛋白质的链条断开，从而破坏细胞。
可一定要小心啊！

这六种碱金属形成的氢氧化物都是强碱，碱性按照元素周期表的顺序逐渐增加。
锂
钠
钾
铷
铯
钫
你在生活中有没有这样的体验？去游乐园玩旋转秋千，越靠外的座位转得越快。
锂
钠
钾
铷
铯
钫
电子也是一样。对于碱金属来说，原子核外电子层数越多，最外层电子的运动速度就越快，也就更容易被“甩出去”，形成碱金属离子。
碱金属的氢氧化物是离子化合物。更容易形成离子，意味着对应的氢氧化物碱性更强。
H
好强的碱！

当然，凡事都有例外。虽然钫排在铯下面，氢氧化钫的碱性却不如氢氧化铯。
CsOH
FrOH
爱因斯坦的相对论告诉我们，粒子的运动速度越接近光速，它的质量就越大。
钫原子的最外层电子因为跑得太快，反而变得沉重，比铯原子的最外层电子更难被“甩出去”，因此，氢氧化钫的碱性也就不如氢氧化铯了。

化学聚义厅
碱与现代生活
本次出舱活动将持续六小时，计划对舱外的摄像机进行检修……
出来了，出来了！
哇，这么大的背包，都装了些什么呀？
氢氧化锂是一种强碱，能够和二氧化碳反应，生成碳酸锂和水。碳酸锂是固体，水是液体，都不会占用太多空间！
氢氧化锂
Li
O
H
C
航天员的背包中既装有氧气瓶，也有氢氧化锂吸附剂，用来吸收二氧化碳。

刷！
有人在遭受校园暴力！
你们在干什么！
嘀嘀嘀！
他们要抢走我的海星！
大家都是朋友，给我们玩玩怎么了？小气鬼！
钙元素碎片
这是……钙元素碎片！
谁跟你是朋友！
我们走！

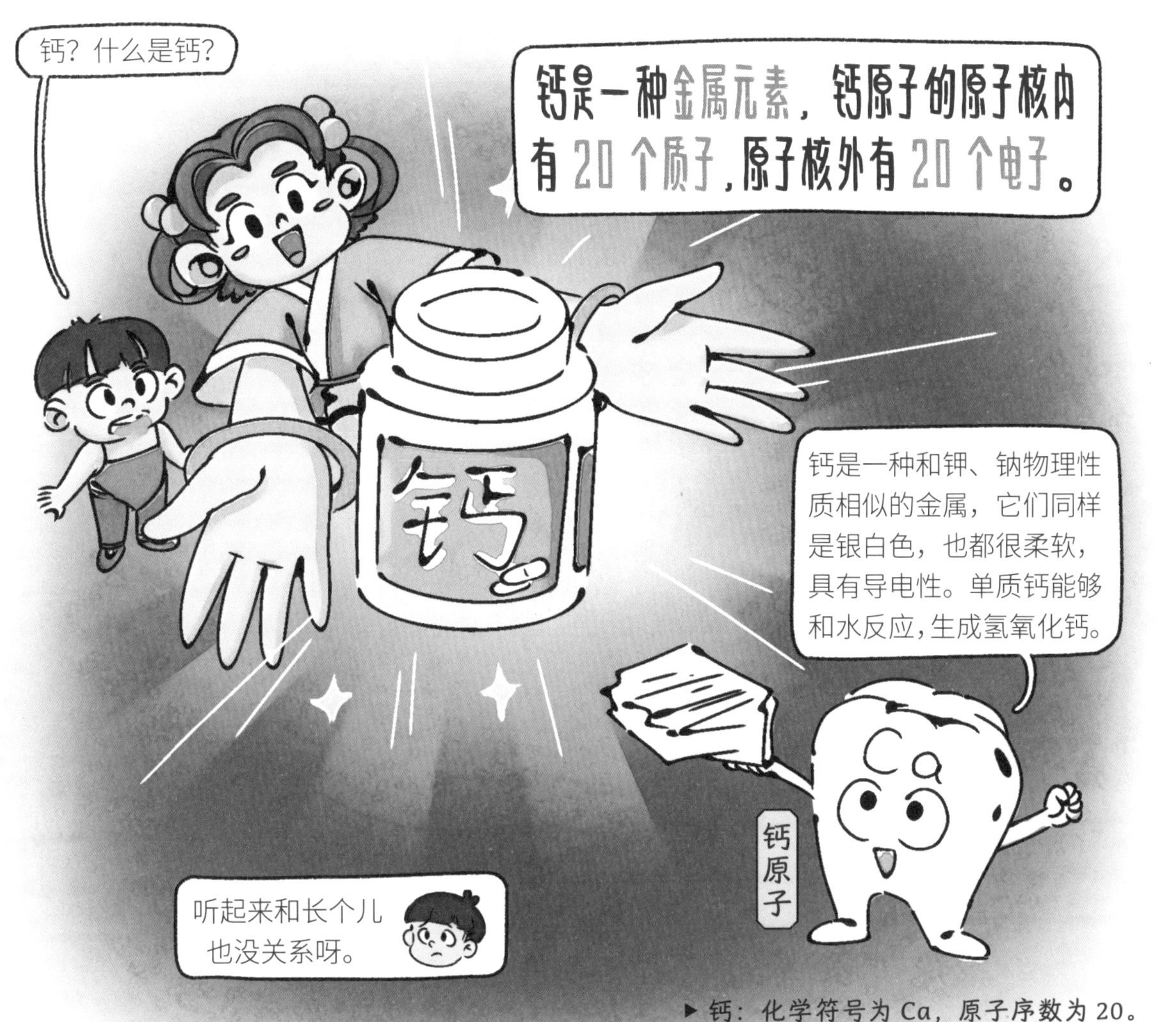

▶ 钙：化学符号为 Ca，原子序数为 20。

人体里99%的钙元素分布在骨骼和牙齿，能够和磷元素、氧元素、氢元素共同形成一种叫羟基磷灰石的物质，羟基磷灰石的含量决定了骨骼和牙齿的坚硬程度。
所以缺钙就会长不高，还会骨质疏松。
让我看看你的牙齿。
牙果然长得也不好。
这可怎么办？我好想长高啊！
你现在只是普通缺钙，只要今后注意多吃高钙食物，很快就会长高的。坚果、奶制品、豆制品、海产品和绿叶菜都是含钙量高的食物。
Ca
牛奶
酸奶
钙片
坚果
还要注意补充维生素D和维生素K_2，蛋黄和蘑菇里含有大量的维生素D，动物脂肪和肝脏里则含有充足的维生素K_2，前者能够促进身体对钙的吸收，后者能够让身体吸收的钙沉积到骨骼里。

既然我们帮了他，不如趁机让他把元素碎片交给我们。
说的是，那你去要吧。

??
Ca
把你手里的钙元素碎片交出来！
你礼貌点儿啊！

你手里的海星骨骼化石其实是我们一直在寻找的钙元素碎片，我愿意用一具真正的海星骨骼跟你交换。
Ca

这和我们的牙齿骨骼一样，也是羟基磷灰石吗？

江湖往事 之 古人和微量元素

在古代，人们虽然没有意识到“微量元素”的存在，却可以通过“食疗”的方式来治愈一些由于缺乏微量元素导致的疾病。比如，由于缺钙导致的佝偻病，《千金方》中推荐通过食用龟甲来治疗，《食疗本草》中推荐食用“醋浸蟹”来治疗；由于缺碘导致的甲状腺肿大，《证治准绳》中推荐食用“海带丸”来治疗。

化学聚义厅
稀土元素大放异彩

我找到一块元素碎片，却看不出来究竟是什么元素。
稀土元素
让我看看。

这块碎片的成分如此复杂，但仍然难不倒我。这就是——
就是什么！
稀土元素

Pr
Dy
Sm
Eu
Ho
Er
Y
Ce
Nd
就是稀土元素碎片！
Tm
Lu
La
Pm
Tb
Yb
Sc

La Ce Pr Nd Pm Sm Eu Gd
Tb Dy Ho Er Tm Yb Lu Sc Y
稀土金属包括镧、铈、镨、钕、钷、钐、铕、钆、铽、镝、钬、铒、铥、镱、镥、钪和钇共 17 种元素。
一个字也不认识！

稀土元素
没有关系，你只需要知道稀土元素这一大类即可。稀土元素的金属单质都是银白色的，质地柔软，化学性质相似。

稀土元素往往成群结队出现，因为性质相似，开采和分离提纯的难度非常大。
稀土元素

从 1794 年第一个稀土元素钇被发现，到 1947 年最后一个稀土元素钷被发现，整整经历了 153 年。

稀土元素
稀土元素用处巨大，能够为科技发展注入活力，被称为“工业维生素”。

维生素并不直接成为人体组织，但能帮助建造和修复身体，从而使它更好地吸收各类营养物质。对于工业而言，稀土元素也起到很重要的作用。

* 出自中科院地质与地球物理研究所研究员范宏瑞

稀土金属包括镧、铈、镨、钕、钷、钐、铕、钆、铽、镝、钬、铒、铥、镱、镥、钇和钪共 17 种元素。
稀土元素的金属单质都是银白色的，质地柔软，化学性质相似。
稀土元素往往结伴而行，因为性质相似，开采和分离提纯的难度非常大。
稀土元素
其他碱金属元素
碱金属共有 6 种，分别为锂、钠、钾、铷、铯、钫，这些金属都能和水反应，生成对应的强碱，因此被称为碱金属。

和我们一起修复化学江湖吧！

钠元素

1. 钠原子的原子核内有 11 个质子，核外电子排布分为 3 层，每层电子数分别为 2、8、1。

2. 钠原子的核外最外层电子数是 1，非常容易失去，因此钠元素能够形成多种化合物。

3. 金属钠是质地柔软的金属，能够用小刀切开。把一块金属钠投入水中，能观察到剧烈的反应现象。钠和水反应会生成氢气和氢氧化钠。

4. 氢氧化钠是一种强碱。在水中电离出的阴离子都是氢氧根的物质被称为碱，在水中完全电离的碱被称为强碱。

5. 氢氧化钠和油脂反应后的生成物可以被加工成肥皂，因此这一反应被称为皂化反应。

钾元素

1. 氮元素、磷元素和钾元素在植物的生长过程中起到了不可或缺的作用。氮元素会让植物的叶片更加健康、茂盛，更充分地进行光合作用。磷元素主要存在于植物的种子和植物细胞的细胞核，有利于植物的正常发育。钾元素则能够辅助植物体内的 60 多种酶完成各自的催化任务。

2. 钾原子的原子核内有 19 个质子，核外电子排布分为 4 层，每层电子数分别为 2、8、8、1。

3. 金属钾质地柔软，能够用小刀轻易割开，同样能够和水反应并生成氢氧化钾。

4. 氢氧化钾是一种强碱，碱性强于氢氧化钠，能够用来制作液体皂。

5. 钠元素和钾元素能够调控人体的神经系统。

Ca

钙元素

1. 钙原子的原子核内有 20 个质子，金属钙能够和水反应，生成氢氧化钙，氢氧化钙是一种强碱，但碱性弱于氢氧化钠。

2. 人类的骨骼和牙齿里含有大量钙质，缺钙会导致骨骼发育不良、骨质疏松、牙齿脆弱等多种健康问题出现。

3. 海星骨骼和人类的不一样，其主要成分是碳酸钙。碳酸钙在地球上是一种常见的化合物，主要存在于岩石里、矿物里、动物的骨骼和外壳里。

米莱童书

米莱童书是由国内多位资深童书编辑、插画家组成的原创童书研发平台。旗下作品曾获得 2019 年度“中国好书”，2019、2020 年度“桂冠童书”等荣誉；创作内容多次入选“原动力”中国原创动漫出版扶持计划。作为中国新闻出版业科技与标准重点实验室（跨领域综合方向）授牌的中国青少年科普内容研发与推广基地，米莱童书一贯致力于对传统童书进行内容与形式的升级迭代，开发一流原创童书作品，适应当代中国家庭更高的阅读与学习需求。

致 谢： 感谢任继愈、赵匡华等老师编著的《中国古代化学》（商务印书馆），为我们展现了一个清晰、科学的古代学术世界。

策 划 人： 刘润东　魏诺

原创编辑： 王曼卿　张婉月　王佩

漫画绘制： Studio Yufo

专业审稿： 华北电力大学环境学院应用化学专业副教授
有机化学课程教学改革项目负责人　张岳玲

装帧设计： 辛洋　马司文　张立佳　刘雅宁

米莱童书 著/绘

•“有毒”的元素•

北京理工大学出版社
BEIJING INSTITUTE OF TECHNOLOGY PRESS

图书在版编目（CIP）数据

化学江湖：给孩子的化学通关秘籍：共8册 / 米莱童书著、绘. -- 北京：北京理工大学出版社，2023.4（2024.3重印）
ISBN 978-7-5763-2197-5

Ⅰ. ①化… Ⅱ. ①米… Ⅲ. ①化学－少儿读物 Ⅳ. ①O6-49

中国国家版本馆CIP数据核字(2023)第046855号

出版发行 / 北京理工大学出版社有限责任公司
社　　址 / 北京市丰台区四合庄路6号
邮　　编 / 100070
电　　话 / （010）82563891（童书出版中心）
经　　销 / 全国各地新华书店
印　　刷 / 北京地大彩印有限公司
开　　本 / 710毫米 × 1000毫米　1/16
印　　张 / 20
字　　数 / 500千字
版　　次 / 2023年4月第1版　2024年3月第7次印刷
定　　价 / 200.00元（共8册）

责任编辑 / 封　雪
文案编辑 / 封　雪
责任校对 / 刘亚男
责任印制 / 王美丽

致少年读者朋友：

当我在同你们一样对世界充满好奇的年纪时，听到“化学”两个字，脑海中浮现出的画面是：昏暗的实验室中，各种奇形怪状的玻璃瓶陈列在操作台上，戴着防护眼镜的实验人员把不同反应物混合在一起、观察到液体反应物的颜色变化或者是在里面“咕嘟咕嘟”地冒出气体……

后来我才知道，化学其实并不像我们想象的那么“高深莫测”，它始终陪伴在我们身边——打开一瓶汽水，里面的“气”跑出来了，这是化学；点燃一根烟花棒，美丽的烟花在夜色中盛开，这也是化学。其实，我们吃的、喝的是化学物质，穿的、拿的是化学产品，所见、所闻、所感大多是化学现象……简言之，化学无处不在，它“平易近人”，是带领我们认识世界的最初的导师。

《化学江湖》很好地诠释了这一点。

整套书用童真的对话引出深刻的道理，通过奇幻的故事、丰富的画面，将知识从书本上“唤醒”，带你到化学世界进行一次奇妙的探险。国风元素的融入更是别出心裁，使得古色古香之中，一股侠义之风泠然而上，中国独有的文化气息随之扑面而来。

翻开《化学江湖》，你会发现，原来早在古代，我国的陶瓷制作、金属冶炼和炼丹术等就已经与化学“交情匪浅”了。

譬如，武器精灵会告诉你，古人如何从矿石中冶炼出铜、铁等金属，从而锻造出兵器；腐蚀精灵会告诉你，酸雨因何而“酸”，又与我国“四大发明”之中的火药有着怎样的关联；宝石精灵会告诉你，被称为“东方绿宝石”的翡翠因何翠色欲滴，究竟是哪一种元素赋予它美丽的色彩……

什么叫做原子？什么叫做分子？

氧气从哪里来？水又是如何形成的？

“鬼火”到底是什么火？“银针试毒”到底是什么原理？

带着这些问题，我正式邀请你加入这段新征程。翻开《化学江湖》吧，它将成为你踏上科学高山的第一级台阶！

中国科学院化学研究所研究员（中科院院士）

传说，宇宙中漂浮着一颗神秘的星球，叫作化学江湖。这里原本是一个平静和谐的世外桃源，但是由于一次意外的大爆炸，被炸得七零八落……
维持化学江湖运转的宝物——元素碎片被爆炸的冲击波推到了地球上。住在化学江湖上的元素精灵们心急如焚，准备到地球上寻找元素碎片，重建化学江湖……

解毒精灵看上去是一位“毒物神捕”，可以辨别出一切有毒有害的物质。来到地球以后，解毒精灵用自己的专业知识帮助了很多受到“毒物”伤害的人。解毒精灵负责搜索汞、铅、砷等有毒元素碎片。
解毒精灵
捕
我是元素罗盘，负责配合解毒精灵寻找元素碎片的方位。
元素罗盘

目录

暗藏危机的美景
解毒精灵！快点，快点啊！

还没到吗？

到啦！你看那儿！
没想到，这么漂亮的地方竟然聚集着汞元素。
是汞元素碎片！

▶汞：化学符号为 Hg，原子序数为 80。

大脑中有一层血脑屏障，除了氧气、二氧化碳和血糖之外，几乎不允许其他物质通过。大部分的药物、蛋白质和细菌都会被隔绝在外，而甲基汞却能突破这层屏障。

这个地方看起来有人居住，确实应该检测一下。

那是什么声音？

呕
你怎么了？没事吧？
呕！

好漂亮的糕点！
红色的糕点？

是朱砂！

快去取一些温水！
好！
温水来了！

快把这碗水喝掉！
咕咚~ 咕咚~

哇——
吐吧，吐出来就好了。

你们是谁？刚才给我喝了什么？是不是下毒了？
喂！不要以为你是小孩子就可以胡言乱语，我们刚才明明是救了你！
救我？

你刚刚汞中毒了，是我们给你喝了温水，你才能把毒吐出来。
???
汞中毒？我看你们才有毒。
那你好好想想，在喝水之前你是不是很难受，恶心干呕，连话都说不出来，喝完水吐出来之后才能开口说话？
这么一说，好像确实是这样……

可是我也没接触你们说的那个东西呀！它叫什么来着？

是这个。
糕点？

不对不对，是糕点里面的朱砂！
朱砂的主要成分是硫元素和汞元素的化合物，叫硫化汞，吃了会破坏身体里的细胞，导致中毒。
对！你们刚才说的就是汞中毒！

难道……朱砂有毒？
总算反应过来了……
这糕点是从哪里买的？
真该找他们索赔……

是我自己做的！
好厉害！
不过话说回来，
你为什么要往糕点
里加朱砂呢？
你们不觉得朱砂的
颜色很漂亮吗？
漂亮也不能吃啊……

因为具有独特的色彩，朱砂在很早的时候就被用作颜料了。
不过，使用和吃是两码事。

硫化汞是一种有毒物质，不仅对人有害，对体型小的动物和细菌来说，杀伤力更强。
哪儿来的壁虎？
小虎！

所以古人会把朱砂涂在想长期保存的物品上，从而起到杀菌驱虫的作用。
小虎……呜呜……都怪我……
竟然是宠物？

好吧，看来你说得是对的，我的小虎也为此付出了生命代价……
小虎之墓
可是这些糕点怎么办？
只能销毁了，这些糕点里含有大量朱砂，谁吃了都会中毒。
好可惜啊，我用了好多面粉和好多朱砂呢！
你到底加了多少朱砂……
捕
如果我每天只吃一点点呢？就算有毒，只吃一点点也没事吧？
捕
不行！

* 密度大于 4.5 克 / 立方厘米的金属元素就是重金属。

江湖往事 之 汞、炼丹与帝王们

在古代，汞是炼丹的主要原料之一。封建时代的帝王总是想要长生不老，他们认为炼丹家炼出的丹药可以达到这种功效，如秦始皇、汉武帝等都有长期服食丹药的习惯。实际上，这些含有大量重金属的丹药不仅不能延年益寿，反而加速了他们的死亡，以至于很多帝王都深受慢性中毒之苦。

除了炼丹，炼丹家们还会利用汞的特性炼黄金、白银等贵金属。将贵金属矿石、水、汞三者一起研磨，贵金属和汞会形成汞合金，再通过加热汞合金，使汞升华为汞蒸气，从而得到贵金属。但无论是汞合金还是汞蒸气，都是有毒物质，炼丹家们也为此付出了不少代价。

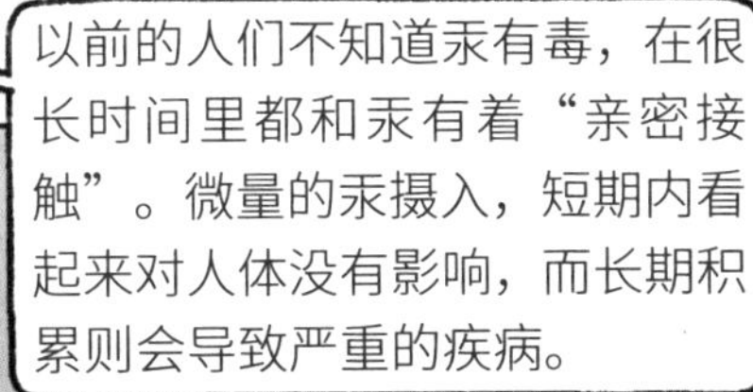

以前的人们不知道汞有毒，在很长时间里都和汞有着“亲密接触”。微量的汞摄入，短期内看起来对人体没有影响，而长期积累则会导致严重的疾病。

同时，越来越多的汞元素进入环境后，也会污染环境和生活在其中的生物，最终对人类产生负面影响。第二次世界大战时期，一种杀虫能力强、造价低的杀虫剂被广泛用于消灭害虫，从而避免军队中流行传染病。这种杀虫剂很难突破皮肤进入人体，对人体的直接危害很小，所以大家认为它是安全的，可以大量使用。

然而，微量的杀虫剂进入环境后，经过食物链的传递，导致鸟类体内的杀虫剂浓度高于水中浓度的 1000 万倍，让鸟类和鱼类大量死亡，严重影响了生态环境。

这种杀虫剂最终被叫停生产，就像现在的人很少使用汞一样。所以，人们不仅需要关注化学物质对人体本身的危害，还要关注各类化学物质在环境中的传递和聚集是否会带来更多影响，而与其相对应的研究学科就是环境毒理学。

美貌杀手
汞虽然有毒，但也因为常温下是液态的特性而被用于温度计中……
还是有用处的。
既然你们救了我，那我就勉强回报一下，你们说说为什么来这里，我看能不能帮上忙。
哇！真稀奇！你竟然变得友好了！

从见面你就一直“嘀嘀嘀”，实在是吵死了！
嘀嘀！
对！就是这个！
我能感觉到这附近有铅元素碎片，但一直找不到……

铅元素碎片？
那是什么？
就是这个！
我见过这个！这是漂亮弟弟的爸爸前两天刚从铅矿挖回来的，我们昨天还比赛谁扔得远呢！
就是前面那家，我们先去打个招呼吧！

糕点姐姐
来啦！

妈妈，爱做糕点的
姐姐来啦！
阿姨，我来玩啦！
欢迎大家！快进来！
好漂亮的妈妈！

阿姨，您是怎么保养
的？皮肤怎么这么白，
没有一点瑕疵呀！
我也想和您
一样漂亮！

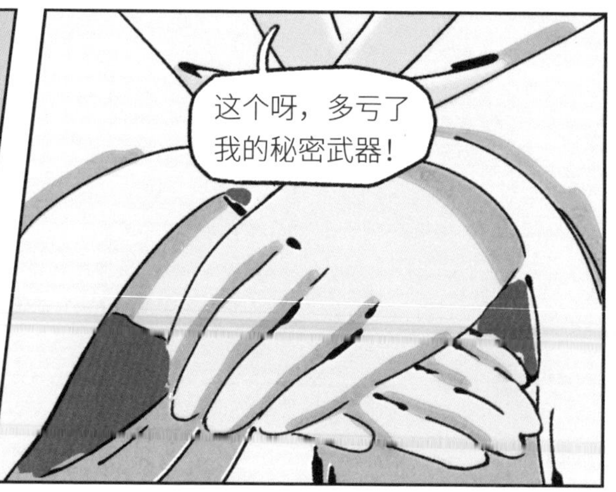
这个呀，多亏了
我的秘密武器！

▶ 铅：化学符号为 Pb，原子序数为 82。

有毒？！
铅有毒早就得到了历史的证实，以前的商朝人喜欢用铜器煮东西吃，但他们制造的铜器中含有铅，长期使用会使铅渗入食物中，从而导致慢性铅中毒，侵害人的神经细胞和大脑，抑制血红蛋白的合成，甚至使人死亡。
你们怎么看见什么都说有毒啊？不要随便吓人好不好……
Pb
这温泉真不错。
可妈妈天天都用铅粉，也没有中毒呀？
抛开剂量谈毒性是没用的，阿姨每天使用的剂量不大，所以还没出现症状。
只是还没有出现哦！
捕
嘀嘀

如果持续使用几年，慢慢就会出现一些如脱发、皮肤发青、肤质变差等症状了，所以说，铅粉不仅不是美颜神器，还是美貌杀手！
脱发
皮肤发青
肤质变差
太可怕了吧！
太吓人了，我可不要变成那样！不用了，再也不用了！
妈妈，铅听起来好危险，那铅矿……
对了！
我听说叔叔最近从铅矿挖回来一个东西，那是我们在寻找的铅元素碎片……
就是昨天咱们比赛谁扔得更远的那个东西。
捕

什么碎片？
我知道！我带你们去找！
早点回来啊！
出发！
等等我！
就在那儿！

江湖往事 ❷ 铅有毒，也有用

铅虽然有毒，但用途很广。利用铅的颜色，人们把它制成妆粉和颜料，成语“洗净铅华”中的“铅华”指的就是由铅制成的妆粉；利用铅的金属特性，人们在青铜中加入铅，可以使青铜的熔点降低，流动性增加，进而便于制作轻薄精巧的器具，比如战国时代的一些货币；铅和汞是古代炼丹术中的基础材料，所以炼丹术也被称为铅汞术。由此，人们发掘出了各种铅的化合物：有一种叫作密陀僧的中药，其主要成分是氧化铅，而氧化铅可以被用于制作琉璃和瓷器。铅丹的主要成分是四氧化三铅，被用于医疗、涂料和绘画颜料中。铅霜的主要成分是醋酸铅，被用作药品……

化学聚义厅
铅元素的现代应用

猜一猜，下面哪种物品不含铅？

汽油

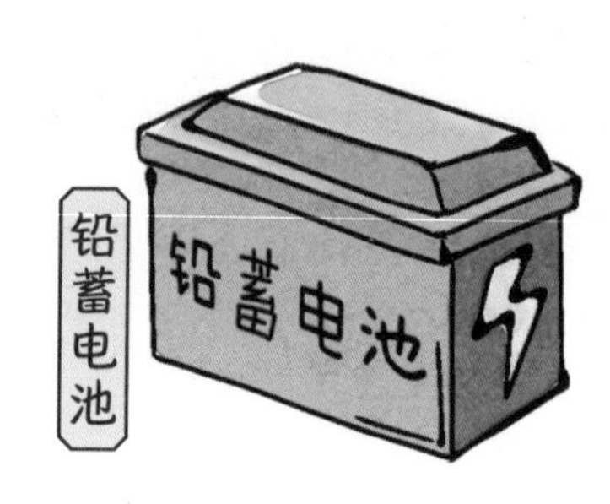
铅蓄电池
铅蓄电池

铅笔

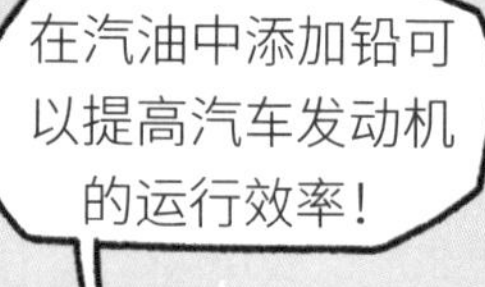
在汽油中添加铅可以提高汽车发动机的运行效率！

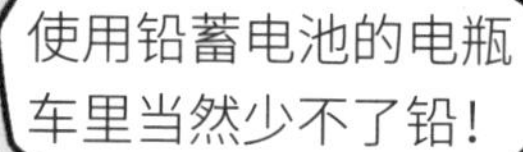
使用铅蓄电池的电瓶车里当然少不了铅！

Pb

Pb
现代的铅笔芯是由石墨制成的，不含铅。
石墨
铅
含铅汽油曾导致加工汽油的工人发疯、生病，甚至死亡，一度大大增加了人们身体里的铅含量，所以现在已经被禁止生产了。
停
铅蓄电池目前占据整个电瓶车电池市场份额的一半以上，暂时具有不可替代性。

之所以被叫作铅笔，是因为石墨矿石和铅矿石的外观很像，被人们误认成铅了。

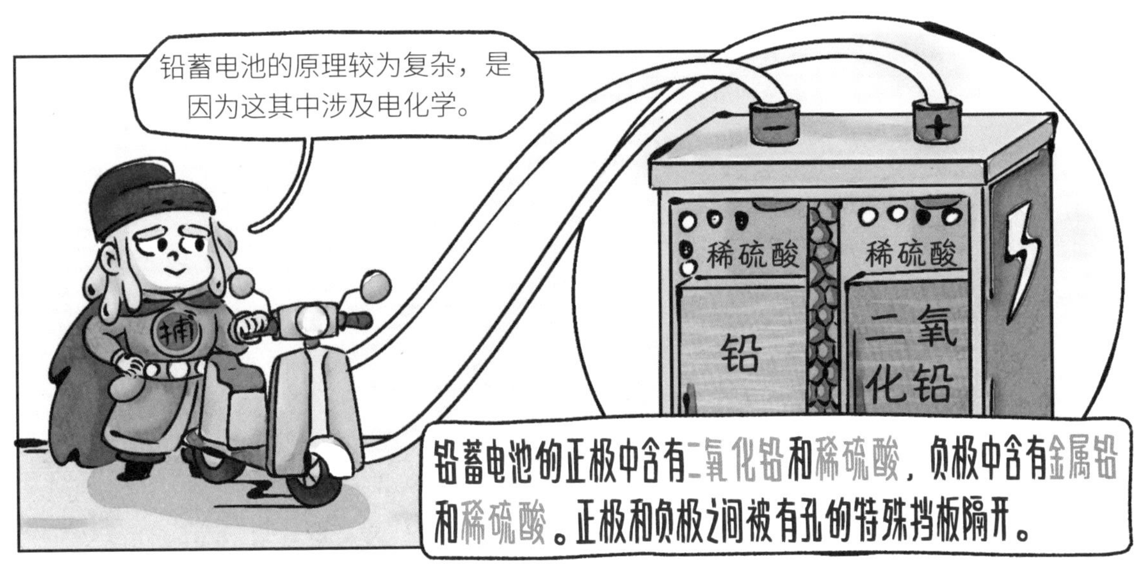
铅蓄电池的原理较为复杂，是因为这其中涉及电化学。
稀硫酸
稀硫酸
铅
二氧化铅
铅蓄电池的正极中含有二氧化铅和稀硫酸，负极中含有金属铅和稀硫酸。正极和负极之间被有孔的特殊挡板隔开。

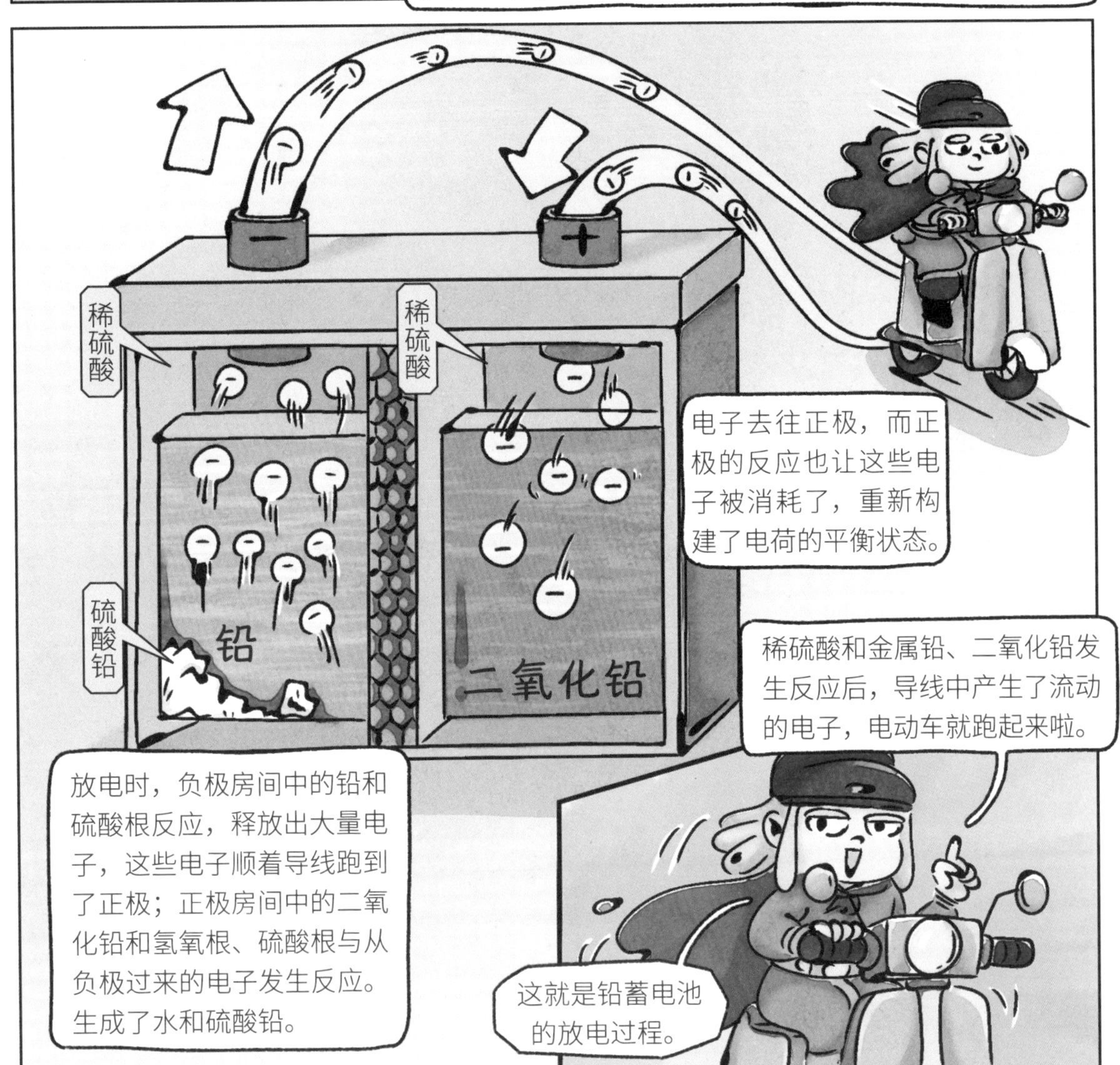
稀硫酸
稀硫酸
硫酸铅
铅
二氧化铅
电子去往正极，而正极的反应也让这些电子被消耗了，重新构建了电荷的平衡状态。
稀硫酸和金属铅、二氧化铅发生反应后，导线中产生了流动的电子，电动车就跑起来啦。
放电时，负极房间中的铅和硫酸根反应，释放出大量电子，这些电子顺着导线跑到了正极；正极房间中的二氧化铅和氢氧根、硫酸根与从负极过来的电子发生反应。生成了水和硫酸铅。
这就是铅蓄电池的放电过程。

偶遇江湖骗子
再见！
谢谢你们！
捕

这两个元素碎片回收的过程还真曲折呀！
捕
卖丹咯！最新研发的各种神丹！
神丹
嗯？还有元素碎片？
嘀嘀嘀

神丹
嘀嘀
神丹
这位少侠，我看你面色发黄、印堂发黑、嘴唇发紫、身体发虚，急需补一补呀！

还好你遇到了我……

我这里有能让你皮肤白里透红的铅白漂漂丹、能给你嘴唇上色的朱砂美美丹……
哇！

尤其推荐我最新研制的——五毒不侵雄黄丹！
哇！哇！哇！

服下这颗丹药，它就会在你周围产生强大的法阵，使虫子不敢叮你，大蛇不敢靠近你！
哇，真的有效！

▶ 砷：化学符号为 As，原子序数为 33。

神丹
少侠，可不能瞎说啊，我每年端午节都喝点儿雄黄酒，就是用雄黄泡的，可也没中毒啊！而且我身体倍儿棒……

据我所知，人们每次服用雄黄酒时都只饮用少许，但时间久了还是会慢性砷中毒。不过更多时候，雄黄酒外用可以祛除蛇毒、赶走蚊虫。
雄黄酒

可你看看，我这个丹药是真的有效呀！
对呀！

雄黄有独特的气味，而且有毒，当然可以防虫驱蛇了！

*8 世纪中叶的《太清石壁记》记载：制“太一雄黄丹”时，将雄黄在空气中点燃，使其生成白色的砒霜。将雄黄、雌黄在空气中煅烧，都可以生成砒霜。

与相对较难利用的汞元素和铅元素相比，砷元素在现代社会找到了崭新的定位。

①一种含铁的蛋白质。
②白血病是由不正常的白血球大量增生导致的一种癌症。

我的另一个职业目前还在规划中，但那将是一份前途无量的工作！
雄黄
As
As
我将变身雄黄，进入美妙的纳米世界。

纳米雄黄在实验室中展现出了抗肿瘤的功效。
雄黄
发现了！是癌细胞！
纳米雄黄可以抑制肿瘤细胞的增殖。
休想增殖！
雄黄

速速凋亡！
纳米雄黄可以诱导肿瘤细胞凋亡。
用纳米雄黄对抗肿瘤，具有广阔的研究前景。
这将会是我的下一份工作——对抗癌症。
As

江湖往事 之 历史上的砷

中国是世界上最早发现含砷矿物的国家，《山海经》中记载："有白石焉，其名为礜（yù），可以毒鼠。"李时珍所言"礜石与砒石相近，盖此其类也"，指的就是几种较为常见的砷代合物矿石，如砒石（主要成分为亚砷酸酐）、雄黄（主要成分为四硫代四砷）、雌黄（主要成分为三硫代二砷）。

古人很早就掌握了用雄黄和雌黄生成砒霜的方法。另外，宋代炼丹家进一步掌握了从砒霜提取单质砷的方法，这比国外的相关记载早了900多年。明朝时人们还曾用砒霜治疗梅毒——中国是世界最早用砒霜治疗梅毒的国家。

1. 世界卫生组织界定了引起重大公共卫生关注的四种污染物，即除了汞、铅、砷之外，还有镉。

2. 镉元素引起中毒的原因与其他三种元素类似——沉积在身体里，与蛋白质结合，从而影响正常的生理功能。

3. 历史上，日本岐阜县北部曾有过镉中毒的案例。镉中毒导致人们骨骼软化、肾功能衰竭，引发了严重的疼痛症状，因此被称作“痛痛病”。

4. 镉元素被用于制作色彩浓烈的红色系、黄色系和橙色系颜料，以及油漆。梵高的《向日葵》和蒙克的《呐喊》都使用了镉黄颜料。

铅元素

1. 铅属于重金属元素。
2. 在古代，铅主要被用作妆粉和颜料。
3. 铅和汞是炼丹术的基础材料，所以炼丹术也叫铅汞术。
4. 铅的各种化合物都有广泛的用途。
5. 铅蓄电池的工作原理是复杂的电化学反应。

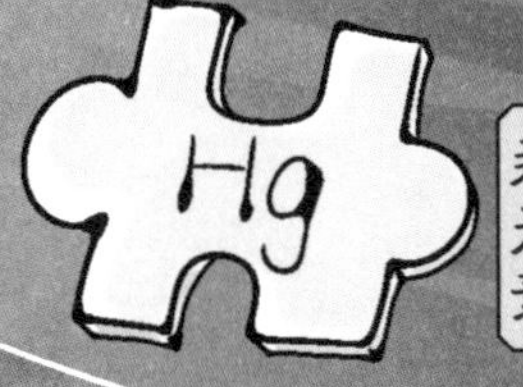

汞元素

1. 汞的密度特别大，汞原子的原子核中有 80 个质子。汞是重金属元素，很难在大自然中降解。

2. 汞离子在硫酸盐还原菌的作用下，会转化成甲基汞，而鱼虾长期生活在甲基汞浓度过高的水中，体内就会积累汞元素，人吃了这些鱼虾，就会影响身体健康。

3. 朱砂的主要成分是硫化汞，有毒，所以古人将朱砂涂在想长期保存的物品上，从而起到杀菌驱虫的作用。

4. 汞单质在常温下是银色液体，汞是唯一一种在常温常压下保持液态的金属，也被称作水银。

5. 水银温度计中的液体是汞。

砷元素

1 砷是非金属元素，但有毒。
2 雄黄的主要成分是四硫化四砷，雌黄的主要成分是三硫化二砷，砒霜的主要成分是三氧化二砷，雄黄和雌黄都可以在一定条件下转变为砒霜。
3 中国是最早发现含砷矿物、最早用砒霜治疗梅毒、最早掌握提取单质砷方法的国家。
4 研究表明，砷可以对抗癌细胞。

米莱童书

米莱童书是由国内多位资深童书编辑、插画家组成的原创童书研发平台。旗下作品曾获得 2019 年度“中国好书”，2019、2020 年度“桂冠童书”等荣誉；创作内容多次入选“原动力”中国原创动漫出版扶持计划。作为中国新闻出版业科技与标准重点实验室（跨领域综合方向）授牌的中国青少年科普内容研发与推广基地，米莱童书一贯致力于对传统童书进行内容与形式的升级迭代，开发一流原创童书作品，适应当代中国家庭更高的阅读与学习需求。

致 谢： 感谢任继愈、赵匡华等老师编著的《中国古代化学》（商务印书馆），为我们展现了一个清晰、科学的古代学术世界。

策 划 人： 刘润东　魏诺

原创编辑： 王曼卿　张婉月　王佩

漫画绘制： Studio Yufo

专业审稿： 华北电力大学环境学院应用化学专业副教授
有机化学课程教学改革项目负责人　张岳玲

装帧设计： 辛洋　马司文　张立佳　刘雅宁

米莱童书 著/绘

北京理工大学出版社
BEIJING INSTITUTE OF TECHNOLOGY PRESS

图书在版编目（CIP）数据

化学江湖：给孩子的化学通关秘籍：共8册/米莱童书著、绘. -- 北京：北京理工大学出版社，2023.4（2024.3重印）

ISBN 978-7-5763-2197-5

Ⅰ.①化… Ⅱ.①米… Ⅲ.①化学—少儿读物 Ⅳ.①O6-49

中国国家版本馆CIP数据核字(2023)第046855号

出版发行 / 北京理工大学出版社有限责任公司
社　　址 / 北京市丰台区四合庄路6号
邮　　编 / 100070
电　　话 /（010）82563891（童书出版中心）
经　　销 / 全国各地新华书店
印　　刷 / 北京地大彩印有限公司
开　　本 / 710毫米×1000毫米　1/16
印　　张 / 20
字　　数 / 500千字
版　　次 / 2023年4月第1版　2024年3月第7次印刷
定　　价 / 200.00元（共8册）

责任编辑 / 封　雪
文案编辑 / 封　雪
责任校对 / 刘亚男
责任印制 / 王美丽

致少年读者朋友:

当我在同你们一样对世界充满好奇的年纪时，听到“化学”两个字，脑海中浮现出的画面是：昏暗的实验室中，各种奇形怪状的玻璃瓶陈列在操作台上，戴着防护眼镜的实验人员把不同反应物混合在一起、观察到液体反应物的颜色变化或者是在里面“咕嘟咕嘟”地冒出气体……

后来我才知道，化学其实并不像我们想象的那么“高深莫测”，它始终陪伴在我们身边——打开一瓶汽水，里面的“气”跑出来了，这是化学；点燃一根烟花棒，美丽的烟花在夜色中盛开，这也是化学。其实，我们吃的、喝的是化学物质，穿的、拿的是化学产品，所见、所闻、所感大多是化学现象……简言之，化学无处不在，它“平易近人”，是带领我们认识世界的最初的导师。

《化学江湖》很好地诠释了这一点。

整套书用童真的对话引出深刻的道理，通过奇幻的故事、丰富的画面，将知识从书本上“唤醒”，带你到化学世界进行一次奇妙的探险。国风元素的融入更是别出心裁，使得古色古香之中，一股侠义之风泠然而上，中国独有的文化气息随之扑面而来。

翻开《化学江湖》，你会发现，原来早在古代，我国的陶瓷制作、金属冶炼和炼丹术等就已经与化学“交情匪浅”了。

譬如，武器精灵会告诉你，古人如何从矿石中冶炼出铜、铁等金属，从而锻造出兵器；腐蚀精灵会告诉你，酸雨因何而“酸”，又与我国“四大发明”之中的火药有着怎样的关联；宝石精灵会告诉你，被称为“东方绿宝石”的翡翠因何翠色欲滴，究竟是哪一种元素赋予它美丽的色彩……

什么叫做原子？什么叫做分子？

氧气从哪里来？水又是如何形成的？

“鬼火”到底是什么火？“银针试毒”到底是什么原理？

带着这些问题，我正式邀请你加入这段新征程。翻开《化学江湖》吧，它将成为你踏上科学高山的第一级台阶！

李永舫

中国科学院化学研究所研究员（中科院院士）

传说，宇宙中漂浮着一颗神秘的星球，叫作化学江湖。这里原本是一个平静、和谐的世外桃源，但是由于一次意外的大爆炸，被炸得七零八落……
维持化学江湖运转的宝物——元素碎片被爆炸的冲击波推到了地球上。住在化学江湖上的元素精灵们心急如焚，准备到地球上寻找元素碎片，重建化学江湖……只有辐射精灵留守在一小块残骸上……

目录

辐射精灵负责看管化学江湖上的放射性元素实验室和核电站，所以他不管走到哪里都穿着一身防护服，方便随时投入工作。放射性元素碎片没有丢失，所以辐射精灵不必前往地球，他负责留守在化学江湖上，修缮实验室与核电站，等待伙伴们平安归来。

大爆炸之后

化学江湖
唉！这场爆炸也太夸张了，化学江湖差点儿支离破碎了……

反过来想想，放射性实验室还能在爆炸中幸存，可见咱们做得很不错呀！
毕竟这里面保存的全都是放射性元素，要是实验室塌了，后果不堪设想……
也没有那么严重吧？

有！很严重！你忘了放射性元素的特点了吗？
放射性元素的特点？难道是……放射性？
嗯？那你说说，什么是放射性？
就是一种元素的原子核不稳定，然后……然后……
你果然忘了！
那都是很久以前学过的知识了，当然记不清了……
放射性元素
既然这样，那我今天就帮你复习复习。

什么是『放射性』

原子核
如果一个小房间里塞进了太多人，大家感觉很拥挤，就会有人往外跑。有些元素的原子核里有太多质子和中子，特别不稳定，这时就会有粒子跑出原子核，形成射线。

中子
质子
但并非所有粒子都会往外跑。等到跑出去的人够多，使这个房子里留下的人不再感觉拥挤，它们就稳定下来了，不会再有人跑出去了。

放射性原子
不稳定
非放射性原子
稳定
与此同时，整个房子的性质发生了变化，已经不再是原来的房子了。

用专业的话来说：一些原子从不稳定的原子核里自发地放出射线，随着时间的推移逐渐衰变为另一种元素，这就是放射性。
放射性元素
射线
射线是我最有力的武器！

放射性元素十分危险，因为这些射线可以穿过人体细胞，扯断细胞里的分子，或者引起水的电离，损伤人体……
救命呀！
射线来了，快跑！
不要跑！
太可怕了！

癌
……还有可能诱发细胞癌变……

停！

这些知识又难懂又无聊，我实在是听不下去了……
你头上戴的是什么？

这个呀，是我刚刚在爆炸的废墟里找到的，怎么样，是不是很酷？
这种荧光看起来很眼熟……
对了，是镭元素！

镭是一种放射性元素，化学符号是 Ra，其金属单质是银白色的。镭放出的射线能激发荧光材料的活力，让它们发出荧光。
Ra
荧光
材料

人们利用镭元素的这个特质制作了很多夜光设备，比如发光塑料、发光墨水、发光布等等。不过，镭元素的放射性很强，不应该用来制作装饰品。
铅板门

早期的荧光手表同样加入了镭元素，安全起见，你还是先摘下来……
慢着！
就一个手表盘大小的地方，能有多少镭元素？相对于安全，我觉得还是酷炫更重要……
看来我还得给你补补历史知识……

瞧一瞧！看一看！含镭护肤品让你重返青春！
含镭饮料包治百病！
在 20 世纪初的欧洲，人们不知道镭的危险性，反而觉得这是一种包治百病的元素，曾经把镭作为添加剂在牙膏、护发霜、手表，甚至食品、药品中使用，导致人们受到镭的慢性毒害。

江湖往事 之 居里夫人与镭元素

1896 年，一位名叫贝克勒尔的科学家发现，铀和钾的化合物能释放出一种肉眼不可见的射线——这件事引起了居里夫人的注意。

居里夫人对一些化合物进行了测试，意外地发现元素铀和元素钍的混合物具有极强的放射性，远远高于这种含量的铀和钍应有的放射强度。居里夫人猜测，混合物中一定掺杂了目前尚未被科学界发现的新元素，而且放射性很强。沥青里含有微量的铀元素，于是，居里夫妇开始了漫长的分离沥青的道路。1898 年，居里夫妇先后发现了钋元素和镭元素，“镭”在拉丁文中是“射线”的意思，用来表示这种元素极强的放射性。

从放射性元素A持续放出射线，一直到原子核内部平衡，变成元素 B，这个过程叫衰变，是一个从不稳定状态变成稳定状态的过程，就像不倒翁慢慢稳定下来一样。

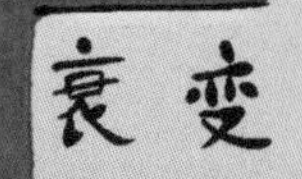

在自然环境中，放射性元素很难完全衰变，所以人们引入了半衰期这个概念——原子核数目的一半发生衰变所需要的时间。

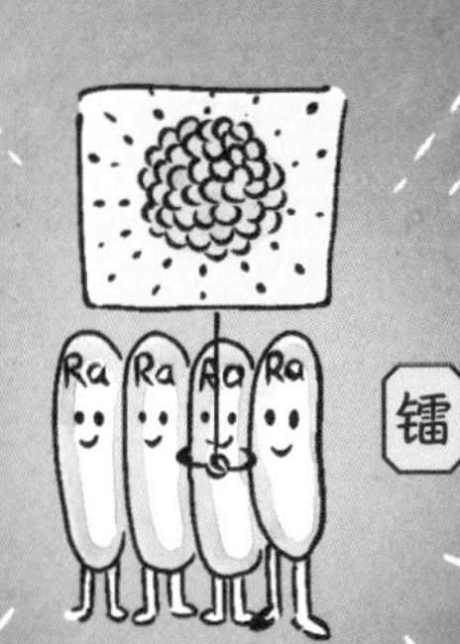

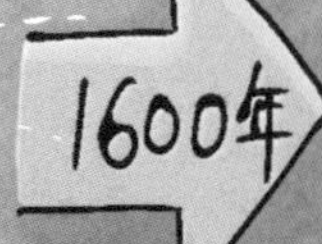

例如，一些镭原子一直在衰变，经过 1600 年之后，其中一半的镭原子衰变成了氡原子，那么，镭的半衰期就是 1600 年。

镭
镭
中
质
中
质
镭
氡
经过 1600 年的衰变，镭原子中的一半会衰变成氡原子。

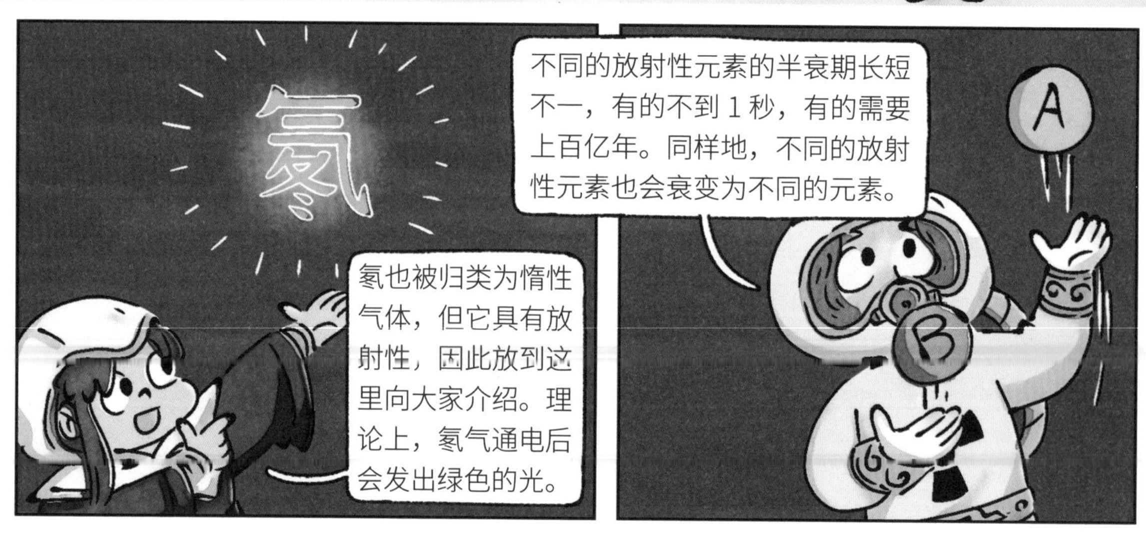
氡
氡也被归类为惰性气体，但它具有放射性，因此放到这里向大家介绍。理论上，氡气通电后会发出绿色的光。
不同的放射性元素的半衰期长短不一，有的不到 1 秒，有的需要上百亿年。同样地，不同的放射性元素也会衰变为不同的元素。
A
B

放射性元素碎片都没有丢，真是幸运呀！我们不用像其他元素精灵一样四处寻找元素碎片了。
不要松懈！虽然不用出去找碎片，但我们还有更重要的工作。

基地剩余电量：30%
30%
我知道，我知道，不就是检修核电站嘛。这点工作我自己做就可以了，哪里还用得着你亲自上场呀！
我可不放心你……

那我再来考考你：核电站为什么叫核电站呢？
你也太小瞧我了！因为核电站是把核能转换成电能的设施，所以就叫核电站呀！
核电站
那么，为什么核能要叫作核能呢？
这个……这个嘛……

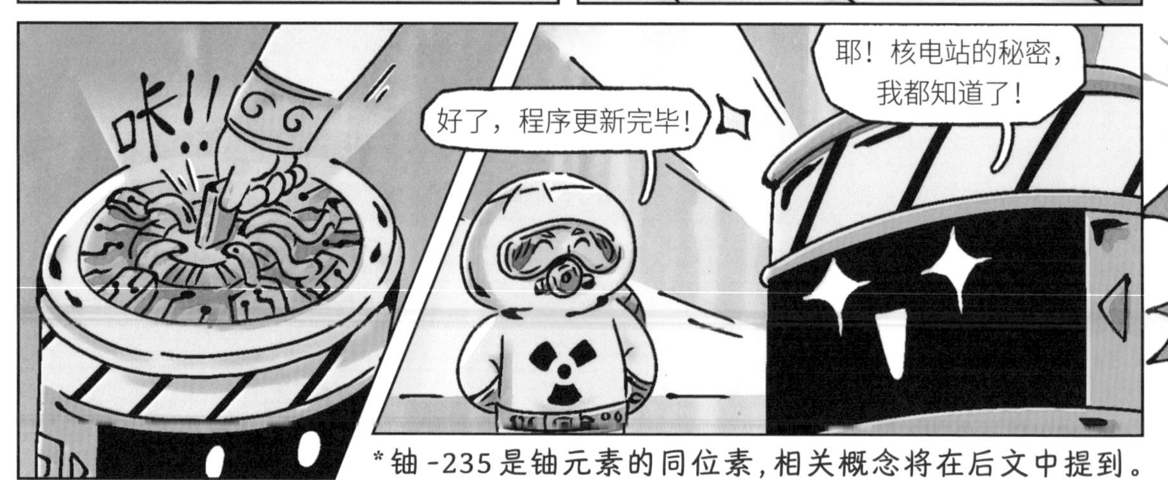

*铀-235是铀元素的同位素，相关概念将在后文中提到。

核反应产物之一（中子）又引起同类核反应继续发生并逐代延续下去的过程，就叫作“链式反应”。

核反应堆启动以后，内部的中子就开始不断轰击铀 -235 原子核，从而不断释放出巨大的能量。

核反应堆中的控制棒可以吸收多余的中子。只要没有太多中子同时轰击原子核，核反应堆就不会被过大的能量炸碎，这样就能保障核电站的安全。

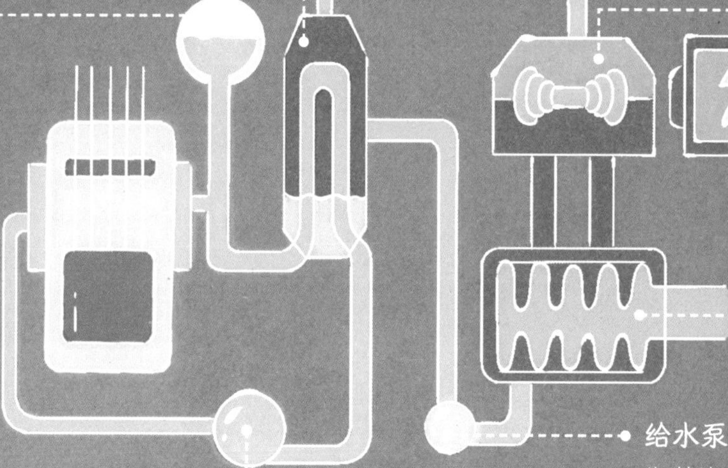

* 冷却剂一般都是纯净水。

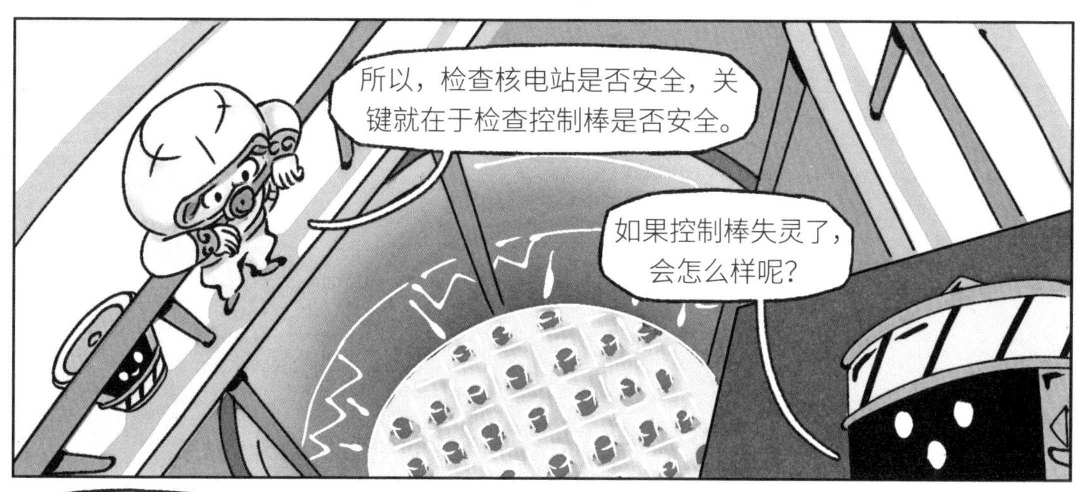

如果控制棒失灵了，核电站就会变成一个巨大的“原子弹”……

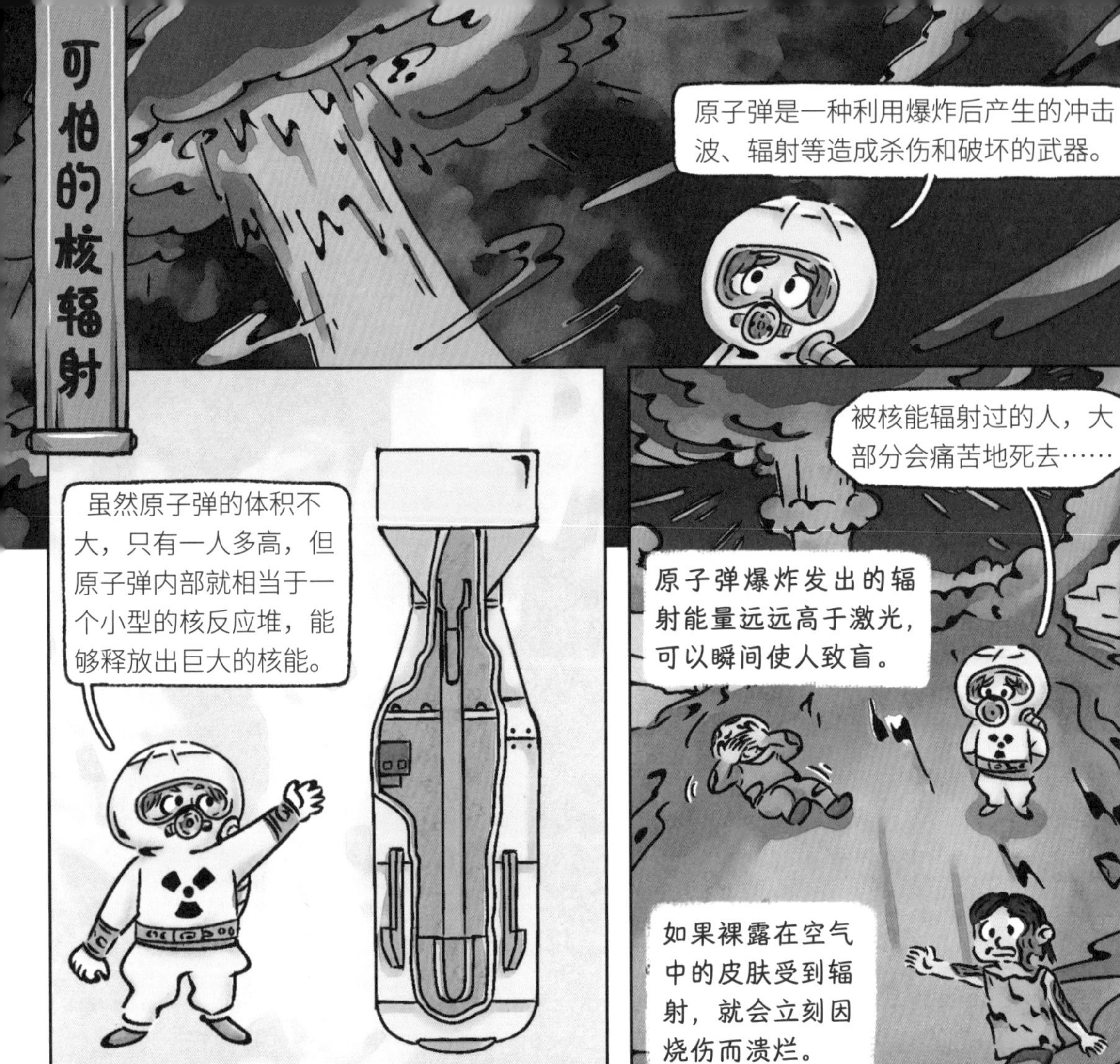
可怕的核辐射
原子弹是一种利用爆炸后产生的冲击波、辐射等造成杀伤和破坏的武器。
虽然原子弹的体积不大，只有一人多高，但原子弹内部就相当于一个小型的核反应堆，能够释放出巨大的核能。
被核能辐射过的人，大部分会痛苦地死去……
原子弹爆炸发出的辐射能量远远高于激光，可以瞬间使人致盲。
如果裸露在空气中的皮肤受到辐射，就会立刻因烧伤而溃烂。

这也太可怕了！

哈哈，别紧张。我们的核电站目前还是非常安全的。

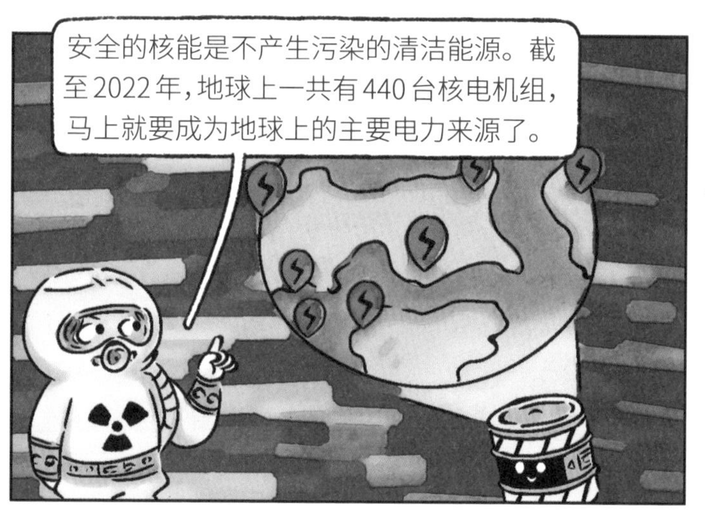

江湖往事 之 核电站应该建在哪里?

在人类短暂的核能利用史上，已经出现了数次核泄漏事故。距离我们最近的一次大规模核事故，是发生在日本福岛的第一核电站核泄漏事故。当时，地震与海啸破坏了该核电站的供电设备和应急电源，导致冷却系统不能工作，从而使核燃料过热，烧毁了反应堆内部，对日本当地乃至太平洋沿岸都造成了不可逆转的核辐射危害。

由于核安全的重要性，核电站选址的安全要求十分严格。根据《核电厂厂址选择安全规定》中的相关要求，核电站选址要考虑厂址区域内各种极端的外部事件影响，包括地震、地质、气象、洪水以及飞机坠毁和化学品爆炸等因素产生的影响；同时，还要考虑核电站对厂址周围环境的影响。

化学聚义厅
同位素

铀-235 的名字里为什么有数字呢？235是什么意思？
U-235
铀-235 是铀元素的一种同位素。

同位素是某种化学元素的不同种类。同一种元素的同位素具有相同质子数，但中子数不同。
天然存在的氢同位素有3个，其中氚是一种具有放射性的元素。
¹H
²H
³H
氕
氘
氚
原子核内没有中子
原子核内有 1 个中子
原子核内有 2 个中子

质子
中子
+ = 铀-235
铀-235 原子核中有 92 个质子，143 个中子，235 代表质子数和中子数之和。

目前，铀-238、铀-234、铀-235 都是铀元素的天然同位素。
U-238
U-234
U-235

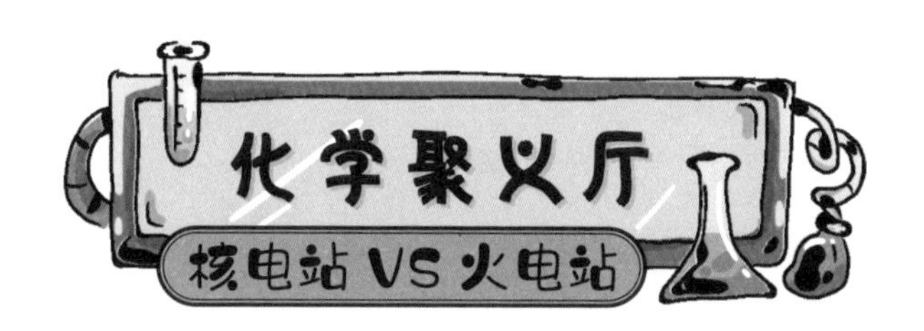

核能发电不会排放巨量的空气污染物，也不会产生加重地球温室效应的二氧化碳。

核燃料体积更小、产生的能量更高。如果想要生产一百万千瓦的电能，核电站需要的铀燃料质量仅为所需煤炭的十万分之一。

核聚变与人造太阳
放射性元素实验室
嘀嘀！
呀，其他精灵发来消息了！
真的吗？太好了！
视频消息播放中
你好呀！我们已经集齐了丢失的元素碎片，马上就可以回去了！
化学江湖上一切还好吗？记得给我们回复消息呀！
哦，对了，我们回去以后又要继续开始进行人造太阳的实验了，麻烦你提前检查一下设备还能不能照常运转哦！
我还给你带了礼物！是地球上的宝贝！
可是，人造太阳是我们的重要科研项目，确实应该认真对待呀！
生命精灵还是那么没情调，人还没回来呢，就想着工作！

可是，太阳就是太阳，是独一无二的，
怎么可能弄个“人造太阳”出来呢？
我看这个实验就是瞎耽误功夫！
当然不是了！宇宙中有
许多和太阳相似的星体，
太阳发光发热的原理可
一点都不复杂哦！
刷！
哎哟！吓我一跳！

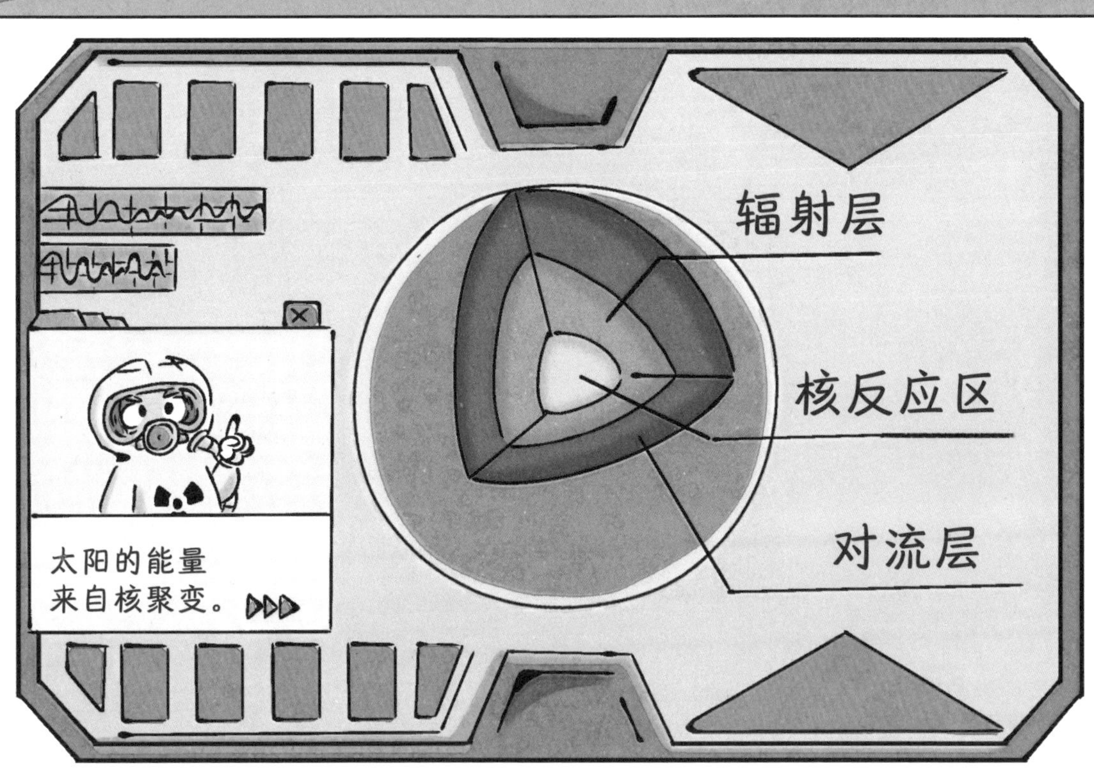
辐射层
核反应区
对流层
太阳的能量
来自核聚变。

核聚变指的是在超高温和超高压的条件下，一些小质量原子的原子核相互吸引、碰撞到一起的反应。
在核聚变的过程中，原子中的电子和一部分中子在高温高压下摆脱了原子核的束缚，还会释放出巨大的能量。
太阳上存在大量氢元素的同位素——氘元素和氚元素。
²H
氘
³H
氚

氢原子
²H
³H
中
He
氦原子
太阳的中心温度高达 1500 万摄氏度，气压达到 3000 多亿个大气压，在这样的高温高压条件下，氢原子核聚变成氦原子核，并放出大量的能量。

几十亿年来，太阳犹如一个巨大的核聚变反应装置，无休止地向外辐射着能量。

可是，就算我们的实验装置能够实现与太阳内核一样的高温，也不可能完成核聚变反应啊！
嗯？为什么呢？

质
电
高温
在超高温度下，原子的内部会“分崩离析”，变成独立的质子、中子和电子，也就是我们常说的“等离子态”，又名“超气态”。
哈哈，没错！你最近进步很大啊！

可是，超气态是一种不受人为控制的气体啊，如果它们都飘走了，那该怎么办？
质
这个问题嘛……

咔——
当然是可以解决的了。
哇！
这就是我们的“人造太阳”实验装置——托卡马克装置。
它能承受高温高压吗？它能控制住超气态吗？

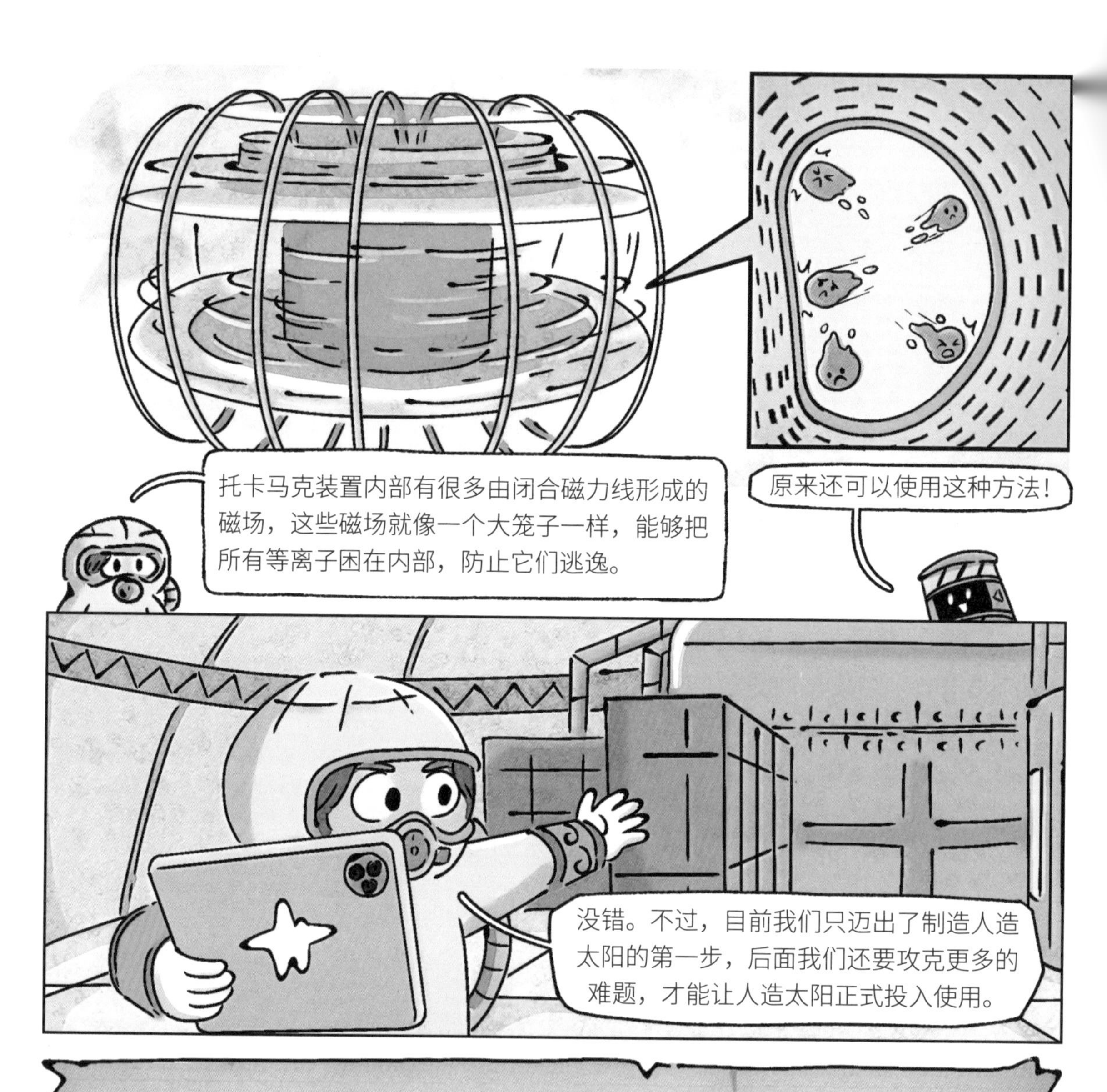

江湖往事之我国的人造太阳

“我有一个美丽的愿望，长大以后能播种太阳……”这首歌曲叫作《种太阳》，代表着少年儿童对于光明、温暖的未来的盼望。如今，我国的人造太阳在科学研究上打破了一项又一项纪录，“种太阳”的愿望马上就可以实现啦。

我国的第一颗人造太阳又叫作“东方超环”，是中国科学院等离子体所自主设计、研制并拥有完全知识产权的磁约束核聚变实验装置。2006 年 9 月，东方超环首次成功完成放电实验，一举成为世界上首个，也是唯一建成并真正运行的全超导非圆截面核聚变实验装置。2022 年 10 月，中国最新一代“人造太阳”实验装置 HL-2M 实现了等离子体电流突破 100 万安培，创造了中国可控核聚变装置运行新纪录。

一枚氢弹中同时装载了核裂变弹药与核聚变材料筒。核裂变弹药被点燃后会释放出巨大的能量，挤压核聚变材料筒，可以使其内部的氘原子和氚原子实现核聚变，从而达到爆炸的目的。

我们回来啦！
大家辛苦啦！

辐射精灵！我想死你啦！
哎哟！
你看，这是我给你带来的礼物！
这是地球上最古老的货币之一——黄金螺。

不过我也不知道它是不是真的有那么古老，总之这东西看上去很好玩就是啦！

这好办，我来帮你检测一下不就好了！
碳-14
检测仪
哦？

检测一件古代物品的年龄，要拜托一位放射性元素——碳 -14。
碳-14
检测仪

你好！我是时间侦探——碳 -14。
C-14
碳-14

碳 -14 是碳元素在自然界里的同位素，具有微弱的放射性。
12
14
C
C-14
在地球上，99% 的碳元素以碳 -12 的形式存在，它们组成了花草树木，也组成了动物的骨骼。
但是，还有 0.0000000001% 的碳元素以碳 -14 的形式存在于大气中。

江湖往事 ② 碳 -14 和考古

碳-14 测年技术除了可以用来鉴定生物的年龄，也可以用来鉴定出土文物的年龄。1965 年，中国自行设计的第一座碳 -14 实验室诞生，并逐渐运用到国内考古领域。中原地区的仰韶文化，包括半坡类型、庙底沟类型，还有山东龙山文化，海岱地区的北辛文化、大汶口文化等各区域，都是通过碳 -14 测年技术建立考古年代序列的。

和我们一起修复化学江湖吧！

1. 一些质子和中子从不稳定的原子核里逃逸，形成射线，随着时间的推移逐渐衰变为另一种元素，这就是放射性。放射性元素放出的射线会损伤人体。

2. 镭是一种放射性元素，它放出的射线能使荧光材料发出浅绿色的光。

3. 铀元素是一种放射性元素，它的天然同位素铀 -235 是核反应堆的能量来源。

4. 太阳上存在大量氢元素的同位素——氘和氚。其中，氚也是一种放射性元素。

5. 碳 -14 是碳元素在自然界里的同位素，具有微弱的放射性。用碳 -14 来测量动植物遗骸的方法，叫作放射性碳定年法。

6. 铀元素是一种放射性元素，它有一种天然的同位素，就是铀 -235。

7. 铀 -235 的原子核内部有 92 个质子和 143 个中子，是非常容易发生裂变的不稳定原子核。

8. 核裂变指的是由质量非常大的原子分裂成两个或多个质量较小的原子的一种核反应形式。

9. 核反应产物之一（中子）又引起同类核反应继续发生并逐代延续进行下去的过程，就叫作“链式反应”。

10. 核废料是核反应发生后留下来的灰烬，这些灰烬同样具有放射性。处理核废料最好的方法就是把它们掩埋起来。

11. 核聚变指的是在超高温和超高压的条件下，使一些小质量原子的原子核相互吸引、碰撞到一起的反应。在核聚变的过程中，原子中的电子和一部分中子在高温高压下摆脱了原子核的束缚，释放出巨大的能量。

12. 太阳的中心温度高达 1500 万摄氏度，气压达到 3000 多亿个大气压，可以使氢原子核聚变成氦原子核，并放出大量的能量。

再见了，化学江湖！
太好了，元素碎片终于集齐了！
Na
Ag
Pt
Hg
Mg
Si
Pb
Al
C
Mn
Ni
Br
F
Ra
I
Ca
Cu
K
Sn
Pb
Fe
Rn
Ti
耶！我们的家园回来啦！
太好啦！

我们成功啦！
S
Cl
XE
Kr
He
U-235
Ar
感谢你参加我们的旅途，
以后再见！

米莱童书

米莱童书是由国内多位资深童书编辑、插画家组成的原创童书研发平台。旗下作品曾获得 2019 年度“中国好书”，2019、2020 年度“桂冠童书”等荣誉；创作内容多次入选“原动力”中国原创动漫出版扶持计划。作为中国新闻出版业科技与标准重点实验室（跨领域综合方向）授牌的中国青少年科普内容研发与推广基地，米莱童书一贯致力于对传统童书进行内容与形式的升级迭代，开发一流原创童书作品，适应当代中国家庭更高的阅读与学习需求。

致 谢： 感谢任继愈、赵匡华等老师编著的《中国古代化学》（商务印书馆），为我们展现了一个清晰、科学的古代学术世界。

策 划 人： 刘润东　魏诺

原创编辑： 王曼卿　张婉月　王佩

漫画绘制： Studio Yufo

专业审稿： 华北电力大学环境学院应用化学专业副教授
有机化学课程教学改革项目负责人　张岳玲

装帧设计： 辛洋　马司文　张立佳　刘雅宁